物化历史系列

民居建筑史话

A Brief History of
Civilian Residential Housing in China

白云翔 / 著

社会科学文献出版社
SOCIAL SCIENCES ACADEMIC PRESS (CHINA)

图书在版编目（CIP）数据

民居建筑史话/白云翔著．—北京：社会科学文献出版社，2011.7
（中国史话）
ISBN 978 - 7 - 5097 - 2204 - 6

Ⅰ.①民… Ⅱ.①白… Ⅲ.①民居 - 建筑史 - 中国 Ⅳ.①TU241.5 ②TU - 092

中国版本图书馆 CIP 数据核字（2011）第 111412 号

"十二五"国家重点出版规划项目

中国史话·物化历史系列

民居建筑史话

著　　者 / 白云翔
出 版 人 / 谢寿光
总 编 辑 / 邹东涛
出 版 者 / 社会科学文献出版社
地　　址 / 北京市西城区北三环中路甲 29 号院 3 号楼华龙大厦
邮政编码 / 100029
责任部门 / 人文科学图书事业部 （010）59367215
电子信箱 / renwen@ ssap. cn
责任编辑 / 陈桂筠
责任校对 / 袁卫华
责任印制 / 郭　妍　岳　阳
总 经 销 / 社会科学文献出版社发行部
（010）59367081　59367089
读者服务 / 读者服务中心 （010）59367028
印　　装 / 北京画中画印刷有限公司
开　　本 / 889mm×1194mm 1/32　印张 / 6.125
版　　次 / 2011 年 7 月第 1 版　字数 / 114 千字
印　　次 / 2011 年 7 月第 1 次印刷
书　　号 / ISBN 978 - 7 - 5097 - 2204 - 6
定　　价 / 15.00 元

本书如有破损、缺页、装订错误，请与本社读者服务中心联系更换

版权所有 翻印必究

《中国史话》编辑委员会

主　　任　陈奎元

副 主 任　武　寅

委　　员　（以姓氏笔画为序）

　　　　　卜宪群　王　巍　刘庆柱

　　　　　步　平　张顺洪　张海鹏

　　　　　陈祖武　陈高华　林甘泉

　　　　　耿云志　廖学盛

总　序

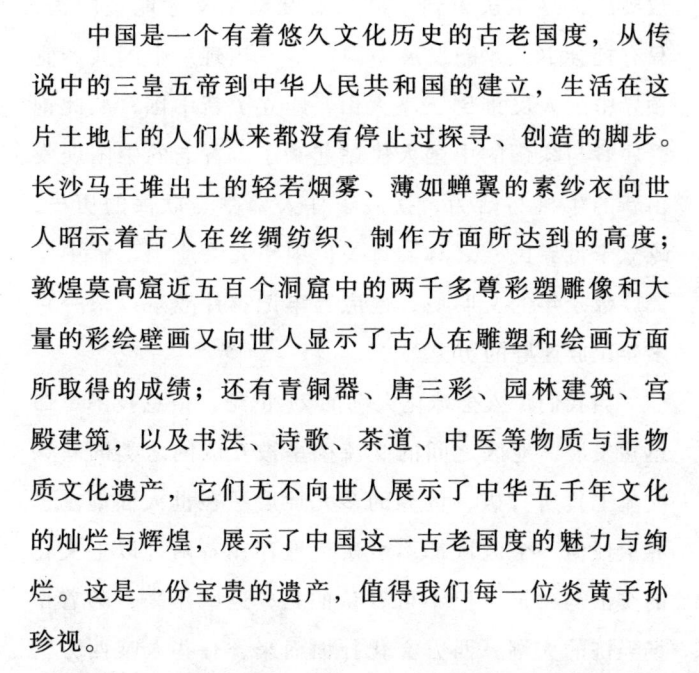

　　中国是一个有着悠久文化历史的古老国度，从传说中的三皇五帝到中华人民共和国的建立，生活在这片土地上的人们从来都没有停止过探寻、创造的脚步。长沙马王堆出土的轻若烟雾、薄如蝉翼的素纱衣向世人昭示着古人在丝绸纺织、制作方面所达到的高度；敦煌莫高窟近五百个洞窟中的两千多尊彩塑雕像和大量的彩绘壁画又向世人显示了古人在雕塑和绘画方面所取得的成绩；还有青铜器、唐三彩、园林建筑、宫殿建筑，以及书法、诗歌、茶道、中医等物质与非物质文化遗产，它们无不向世人展示了中华五千年文化的灿烂与辉煌，展示了中国这一古老国度的魅力与绚烂。这是一份宝贵的遗产，值得我们每一位炎黄子孙珍视。

　　历史不会永远眷顾任何一个民族或一个国家，当世界进入近代之时，曾经一千多年雄踞世界发展高峰的古老中国，从巅峰跌落。1840年鸦片战争的炮声打破了清帝国"天朝上国"的迷梦，从此中国沦为被列强宰割的羔羊。一个个不平等条约的签订，不仅使中国大量的白银外流，更使中国的领土一步步被列强侵占，国库亏空，民不聊生。东方古国曾经拥有的辉煌，也随着西方列强坚船利炮的轰击而烟消云散，中国一步步堕入了半殖民地的深渊。不甘屈服的中国人民也由此开始了救国救民、富国图强的抗争之路。从洋务运动到维新变法，从太平天国到辛亥革命，从五四运动到中国共产党领导的新民主主义革命，中国人民屡败屡战，终于认识到了"只有社会主义才能救中国，只有社会主义才能发展中国"这一道理。中国共产党领导中国人民推倒三座大山，建立了新中国，从此饱受屈辱与蹂躏的中国人民站起来了。古老的中国焕发出新的生机与活力，摆脱了任人宰割与欺侮的历史，屹立于世界民族之林。每一位中华儿女应当了解中华民族数千年的文明史，也应当牢记鸦片战争以来一百多年民族屈辱的历史。

当我们步入全球化大潮的 21 世纪，信息技术革命迅猛发展，地区之间的交流壁垒被互联网之类的新兴交流工具所打破，世界的多元性展示在世人面前。世界上任何一个区域都不可避免地存在着两种以上文化的交汇与碰撞，但不可否认的是，近些年来，随着市场经济的大潮，西方文化扑面而来，有些人唯西方为时尚，把民族的传统丢在一边。大批年轻人甚至比西方人还热衷于圣诞节、情人节与洋快餐，对我国各民族的重大节日以及中国历史的基本知识却茫然无知，这是中华民族实现复兴大业中的重大忧患。

中国之所以为中国，中华民族之所以历数千年而不分离，根基就在于五千年来一脉相传的中华文明。如果丢弃了千百年来一脉相承的文化，任凭外来文化随意浸染，很难设想13亿中国人到哪里去寻找民族向心力和凝聚力。在推进社会主义现代化、实现民族复兴的伟大事业中，大力弘扬优秀的中华民族文化和民族精神，弘扬中华文化的爱国主义传统和民族自尊意识，在建设中国特色社会主义的进程中，构建具有中国特色的文化价值体系，光大中华民族的优秀传统文化是一件任重而道远的事业。

当前，我国进入了经济体制深刻变革、社会结构深刻变动、利益格局深刻调整、思想观念深刻变化的新的历史时期。面对新的历史任务和来自各方的新挑战，全党和全国人民都需要学习和把握社会主义核心价值体系，进一步形成全社会共同的理想信念和道德规范，打牢全党全国各族人民团结奋斗的思想道德基础，形成全民族奋发向上的精神力量，这是我们建设社会主义和谐社会的思想保证。中国社会科学院作为国家社会科学研究的机构，有责任为此作出贡献。我们在编写出版《中华文明史话》与《百年中国史话》的基础上，组织院内外各研究领域的专家，融合近年来的最新研究，编辑出版大型历史知识系列丛书——《中国史话》，其目的就在于为广大人民群众尤其是青少年提供一套较为完整、准确地介绍中国历史和传统文化的普及类系列丛书，从而使生活在信息时代的人们尤其是青少年能够了解自己祖先的历史，在东西南北文化的交流中由知己到知彼，善于取人之长补己之短，在中国与世界各国愈来愈深的文化交融中，保持自己的本色与特色，将中华民族自强不息、厚德载物的精神永远发扬下去。

《中国史话》系列丛书首批计200种，每种10万字左右，主要从政治、经济、文化、军事、哲学、艺术、科技、饮食、服饰、交通、建筑等各个方面介绍了从古至今数千年来中华文明发展和变迁的历史。这些历史不仅展现了中华五千年文化的辉煌，展现了先民的智慧与创造精神，而且展现了中国人民的不屈与抗争精神。我们衷心地希望这套普及历史知识的丛书对广大人民群众进一步了解中华民族的优秀文化传统，增强民族自尊心和自豪感发挥应有的作用，鼓舞广大人民群众特别是新一代的劳动者和建设者在建设中国特色社会主义的道路上不断阔步前进，为我们祖国美好的未来贡献更大的力量。

陈奎元

2011年4月

目 录

引 言 ………………………………………… 1
  1. 从"住"说到民居建筑 ………………… 1
  2. 悠久的历史 ……………………………… 4
  3. 丰富的类型 ……………………………… 8
  4. 绚丽的中华文明之花 …………………… 11

一 民居建筑的起源与史前住居 ……………… 14
  1. 从北京人的洞穴住居谈起 ……………… 14
  2. 史前住居的主要形式 …………………… 17
  3. 史前村落掠影 …………………………… 34

二 历史时期民居建筑的发展历程 …………… 39
  1. 夏商西周时期的"宫室" ……………… 39
  2. 战国秦汉时期的房屋和住宅 …………… 44
  3. 隋唐五代时期的村舍及宅第 …………… 50
  4. 宋元时期的民居建筑形象 ……………… 53
  5. 明清民居实例一则——丁村民居 ……… 58

三 北方民居建筑掠影 …… 64

1. 北京的四合院 …… 64
2. 长白山下朝鲜族民居 …… 68
3. 北方草原蒙古包 …… 72
4. 西北边陲维吾尔族民居 …… 77
5. 黄土地带的窑洞 …… 82

四 南方民居建筑风貌 …… 88

1. 皖南徽派民居 …… 88
2. 苏杭水乡民居 …… 93
3. 闽西客家土楼 …… 98
4. 粤中侨乡民居 …… 103
5. 黄浦江畔石库门里弄民居 …… 108

五 西南民居建筑风情 …… 114

1. 滇池周围"一颗印" …… 114
2. 大理白族民居 …… 118
3. 西双版纳傣族竹楼 …… 124
4. 云岭三江木棱房 …… 129
5. 青藏高原藏族碉房 …… 134

六 民居建筑与自然环境和人类社会 …… 140

1. 自然环境与民居建筑 …… 140
2. 不同的家庭不同的"家" …… 144

3. 社会的产物离不开社会 …………………… 149
4. 观念形态的物质表现 ……………………… 153
5. 居住建筑反作用于自然环境和人类社会 …… 157

七 民居建筑的传统与未来 …………………… 161
1. 鲜明的特色 ………………………………… 161
2. 优良的传统 ………………………………… 165
3. 走向未来 …………………………………… 169

参考书目 ……………………………………… 173

引 言

1 从"住"说到民居建筑

衣食住行,是人类生存的最基本的物质需求,也是人类最基本的行为。衣可以遮体,食可以果腹,住得以休息,行得以移动,因此人们每天都离不开穿衣、吃饭、休息、移动。要"住",就要有居住设施和居住建筑,就要有"家"。当然,"家"的含义是多层次的,但从物质方面来说,"家"是一种供家庭使用的居住设施和居住建筑。因此,我们无论走到哪里,都会发现有居住建筑。因为人人都要"住",人人都要有一个"家"。我们这里介绍的民居建筑,就属于居住建筑。但是,民居建筑又不是居住建筑的全部。

我们知道,建筑有着悠久的历史,经历了一个构造由简单到复杂、质量由低级到高级的漫长的发展过程。我们今天所见到的建筑,并不是同一天建造起来的,而是不同时期、不同时代的产物。一般说来,中华人民共和国成立以后的建筑被称为现代建筑,1840年以后的建筑被称为近代建筑,而1840年以前的建筑则被称为古代建筑，或历史建筑，或传统建筑。无论什么时代的建筑，功能都是多种多样的，规模又是千差万别的，形态也是千姿百态的。就中国的传统建筑而言，按其功能和用途，可分为宫殿建筑、宗教建筑、陵墓建筑、园林建筑、城市建筑、公共工程建筑、居住建筑，等等。所谓民居建筑，就属于传统建筑中的居住建筑，但又不是传统居住建筑的全部。因为，自进入阶级社会以后，历代帝王作为一个国家或民族的最高统治者，拥有至高无上的权力。他们虽然也要居住，也有家，但他们的住居是在豪华壮丽的宫殿建筑之中，与他们的臣民所居截然不同，两者不可相比。这就涉及中国传统建筑的体系问题。一般说来，我国的传统建筑有官式建筑和民间建筑两大体系，像宫殿、坛庙、陵寝等属于前者，而民居建筑则属于后者。但民居建筑只是民间建筑的一部分，民间建筑还有会馆、祠堂、店肆、作坊、戏场等生产性和非生产性建筑。那么，民居建筑的定义是什么呢？

严格地说，所谓民居建筑，即中国历史上各个时期所形成的，以及自古延续下来的民间的住宅建筑。换句话说，民居建筑就是中国传统建筑中的民间居住建筑，往往简称为传统民居建筑，或传统民居，或民居建筑，或民居。当然，在数千年的发展进程中，民居建筑的称谓是有所变化的。先秦时期，"帝居"和民舍都被称为"宫室"。到秦汉时，"宫室"一词才专指帝王所居，而"第宅"则指贵族的住宅。汉代还规定，列侯公卿食禄万户以上、门当大道的住宅称"第"，而食禄不满万户、出入里门的称"舍"。宋代,"私居执政亲王曰府,余官曰宅,庶民曰家"(《宋史·舆服志》)。近代以来,宫殿、官署以外的居住建筑被称之为民居。至于民居建筑的时间范围并不仅仅局限于传统建筑。近百年来,民间建造住宅房屋仍多沿用传统方法,甚至现在不少农村修建宅院还在采用传统形式,居住建筑不论其建筑材料、建造方法,还是布局、结构乃至装饰,依然保留了传统民居建筑的特点。因此,具有传统民居建筑特点的近现代住宅建筑,是中国传统民居建筑的延续和发展,自然也在民居建筑之列。所以,我们所说的民居建筑,实际上包括了中国传统建筑中的民间居住建筑,以及近现代建筑中沿用传统方法、采用传统形式、具有传统特点的民间居住建筑。

需要说明的是,房屋居室是民居建筑的核心和主体,但又不是民居建筑的全部。住,作为人类最基本的生存活动之一,其含义相当广,内容丰富多彩。就生活空间而言,包含有室内活动和室外活动。室内活动离不开家具及室内陈设;室外活动,就需要有院落及其他辅助设施。因此,家具及陈设、院落及其相关设施等也是民居建筑的重要组成部分。此外,人们的活动都是社会活动,而社会生活的需要使若干住居聚集于一地,于是形成了村落、城镇乃至城市,而且住居的结构直接影响到村镇及城市的选址及布局,而村镇的规划同样也制约着住居的发展,两者互为影响、互为依存。因此,今天我们来了解和认识民居建筑的形成和发展,不仅要着眼于院落、房屋及家具等民居建筑本身,而且还要考虑到村镇及城市的布局结构等因素。

悠久的历史

居住建筑是各类建筑中历史最为悠久的建筑。因为,人类的生存离不开居住,要居住就要有住所,而民居建筑正是从最初的、最原始的住所发展起来的。人类刚从动物界脱离出来之时,智力和双手的能力虽然极为低下,但依靠从动物界承袭下来的本能,或在树上搭积草木,构成巢穴,以防虫兽之袭;或寻找天然洞穴栖息藏身,以避风霜雨雪之害。这就是古代史书上所描绘的上古之时,人民少而禽兽众,"构木为巢"、"穴居而野处"的图景(见《韩非子·五蠹》、《礼记·系辞》)。在这种穴居野外的状态下,我们的祖先度过了上百万年的漫长岁月,并萌生和具有了建造人工住所的意识和能力。在大约一万年前,发生了人类历史上的第一次大变革——新石器革命,伴随着植物栽培和动物饲养的出现、制陶和石器磨制技术的发明,人们选择靠近水源和资源丰富的地方营建永久性住所,形成聚落,实行定居。在干燥地区,营建地穴式、半地穴式及横穴式住居,即古人所说的"掘室"和"营窟";在潮湿地带,则建造干栏式建筑,即"橧巢"。到原始社会晚期,地面房屋建筑出现,其平面布局有圆形、方形、长方形,以及吕字形套间和横列式排房,墙体结构有木骨草泥墙、垛泥墙、土坯墙、夯土墙及垒石墙,并采用涂抹草拌泥和白灰面等墙面处理技术,以及用火烧烤的地面处理技术。有些中心性聚落发展成为围以夯土墙垣的早期城市。

大约在4000多年前,随着夏王朝的建立,中国的社会历史进入奴隶制时代。夏代至春秋时期居住建筑的发展,主要表现在版筑技术逐步成熟,土坯广泛应用,发明了砖、瓦、瓦当,"四阿重屋"结构开始出现,高台建筑取得了初步发展,"四合院式"院落布局初步形成等方面。需要指出的是,由原始社会进入奴隶制社会,以及后来转变到封建社会后,新的生产关系和先进的生产力的确使建筑类型迅速增多,建筑技术大大提高,但居住建筑,尤其是平民百姓的居住建筑却进入了相对迟滞的发展进程中。一方面,由氏族社会进入阶级社会以后,建筑的重心由普通的居住建筑转移到了与统治阶级生活相关的建筑,以及与政治、经济、宗教、军事相关的大型建筑上,如宫殿、宗庙、陵墓、城池等。它们代表着当时建筑技术和文化的最高水平。另一方面,在阶级社会中,社会的阶层化使社会财富掌握在少数人手中。他们凭借权力和财富,奴役广大劳动者为其建造豪华住宅,而广大劳动人民却依旧居住在地穴式、半地穴式等简陋的住所中,甚至无处栖身。一方面是建筑技术和文化的迅速发展,一方面是平民百姓住居的迟滞不前。奴隶制社会如此,封建制社会同样如此,真可谓"穷工巧于台榭兮,民露处而寝湿"(蔡邕《述行赋》)。

公元前5世纪,春秋战国之际,各诸侯国先后完成了由奴隶制向封建制的转变。公元前221年，秦始皇统一六国，建立了大一统的封建帝国，中国社会进入漫长的封建制发展时期。在两千多年的封建社会中，居住建筑的发展先后经历了4个阶段。

第一个阶段是战国至魏晋南北朝时期（公元前475年至公元589年），即封建社会第一个建筑发展高潮及其后的停滞时期。战国时期，封建制的确立、铁器的推广使用、地主经济的发展，使建筑逐步出现繁荣，到西汉达到了高潮。汉代，砖、瓦广泛使用，高台建筑由繁荣走向衰落，楼房建筑兴起；穿斗式木构架相当成熟，抬梁式木构架趋于多样化，井干式结构不仅直接建于地面，而且建于干栏式木架之上；砖石建筑和砖券结构发展起来；屋顶已有庑殿、歇山、悬山、囤顶、攒尖5种基本形式；中国古代建筑作为一个独特的体系已基本形成；住宅特别注重儒家的礼仪制度，第宅园林获得初步发展；北方地区和西南地区已可见到蒙古包和石碉房，居住建筑的类型已相当齐全。魏晋南北朝时期，南北分裂，天下争战，居住建筑主要是汉代成就的继承和运用，只是汉末六朝时期坞堡建筑一度流行，南北朝时期南方园林获得较大发展。在北方地区，十六国时期西北少数民族移居中原，把垂足而坐的高坐具带进了中原，开宋代以后废弃席地而坐之先河。

第二个阶段是隋唐五代时期（581～960年），即封建社会第二个建筑高潮及继续时期。隋唐之时，社会昌盛，生产力不断提高，工商业发达，对外交流频繁，科学文化繁荣，居住建筑的发展达到了前所未有的水平。庄园别墅和第宅园林兴盛，不少庄园"周围十余里，台榭百余所"。国家对上自王公官吏、下至庶民的住宅的规格作出了严格规定，开始了住宅制度的历史。住宅布局有明显的中轴线，左右对称，并出现了横向扩展的组群住宅，有廊庑的四合院逐步流行。砖、瓦使用更加普遍，瓦已有灰瓦、黑瓦、琉璃瓦3种。家具中出现了多种高式家具，基本具备了后代的家具类型。

第三个阶段是宋辽金元时期（960~1368年），即封建社会第三个建筑高潮时期。北宋统一中原和南方以及南宋偏安，社会趋于稳定，经济再度繁荣，又出现了一个建筑高潮。此时住宅园林继续发展，城市布局在宋代打破了汉唐以来封闭型的里坊制度，居住建筑向着多方面发展。住宅建造更加注重封建礼制，出现了一宅数百座房屋的住宅。住宅布局突出中轴线并向纵深发展，流行"丁"字形、"工"字形或"王"字形布局。宋代颁布的《营造法式》，标志着国家对建筑的干预加强。城墙砌砖逐步流行。建筑风格趋于秀丽灿烂。在家具制作上，梁柱式框架结构代替了箱形壶（音 kǔn）门结构。元代统一中国以后，城市建设、宗教建筑等都多有建树，居住建筑呈现出承前启后的过渡特征。

第四个阶段是明清时期（1368~1911年），即封建社会居住建筑继续发展和传统民居建筑形成时期。当时，封建专制社会由延续走向衰落直至崩溃，资本主义在中国萌芽并初步发展,帝国主义列强开始入侵。居住建筑沿着中国传统建筑的道路继续发展,取得了不少成就,中国传统民居建筑最终形成。在这样的历史背景下,大城市增多,并出现不少新城镇。城镇中公共建筑及服务性设施大大增加,各地建筑出现程式化趋向。建筑施工中开始使用千斤顶、手摇卷扬机等机械,夯土技术在楼房建造中得以应用。居住建筑质量不断提高,不少地区出现了高三四层的楼房,大中型住宅较普遍地使用雕饰丰富的木、石、砖装饰。各地建筑的发展,使中国建筑的地方性特色愈加显著,各少数民族的居住建筑也在不断完善。由于民族、地区和阶层的不同,各地出现了各种类型的居住建筑,中国民居建筑的格局大致形成。19世纪后半叶,上海的租界内出现了建筑密集、结构简单的里弄民居建筑。至此,中国民居建筑的格局完全形成。

丰富的类型

中国的居住建筑,从一万年前人工建造永久性住所的出现到19世纪末,经历了漫长而曲折的发展过程,出现了各种各样的类型。与悠久的历史和灿烂的文化、辽阔的地域和众多的民族相适应,中国民居建筑的百花园呈现出丰富多姿、异彩纷呈的景象。

首先,民居建筑类型丰富齐全。在以天然洞穴为住居的基础上产生的穴居,经过上万年的发展,在河南、山西、陕西、甘肃、宁夏等广阔的黄土地带,形成了富有特色的窑洞式住居。在巢居的基础上发展起来的干栏式建筑，成为广西、贵州、云南等亚热带地区许多少数民族所喜爱的住居。以木构架房屋为单体、用房屋或墙垣构成院落的木构架庭院式住宅，虽然出现的年代稍晚，却是中国传统住宅中最主要、最常见的住居类型，广泛分布于黄河、长江流域及边远地区，为汉民族，以及满族、白族等少数民族广泛使用。青藏高原地区，早在4000多年前就出现了用石块垒砌墙体的平顶住房，后来逐步发展成用土坯或石头砌筑、形似碉堡的"碉房"，是当地藏族同胞所喜爱的住居。中国的西北边陲新疆，是维吾尔族聚居的地方。当地流行的"阿以旺"式住宅，土木结构，密梁式平顶，房屋连成片，与汉民族传统的木构架庭院式住宅迥然不同。生活在中国北方和西北地区广阔草原上的蒙古族同胞，以放牧牛羊为生，逐水草而居，自古以来居住的是便于拆装运输的可移动的蒙古包、"帐房"等游牧民族特有的住居。东北林区及西南山区的多林木地区，有着丰富的林木资源，人们建造房屋不用土石，而是用木料平行向上层层叠置构成房屋四壁，建造成井干式住居。明末清初以后，福建、广东等地沿海居民大量出国谋生，侨乡地区出现了以传统民居建筑为基础、吸收侨居国建筑文化和艺术的侨乡民居。近代的上海，出现了毗连建造、分户使用的里弄民居。

其次，各种类型的民居建筑本身又表现出千差万别。如窑洞民居，根据其选址和建造方法的不同，可分为靠崖式、地坑式和拱券式三类，每类中又包含若干不同的形态。又如广为游牧民族使用的帐幕式住居，在北方草原流行圆形的蒙古包，而在青藏高原则常见长方形的毡帐。再如干栏式建筑，西双版纳傣族的竹楼是底层架空，而瑞丽傣族则将住居底层封闭；景颇族的住居为低楼式，倒梯形悬山屋顶；湘西南侗族的住居采用干栏式结构，但多为三层，且用瓦顶。就使用最为广泛的木构架庭院式住宅来说，北京的四合院，内院呈南北长方形，比例大小适中；在关中地区，内院南北狭长，厢房为单坡顶；东北地区的庭院一般为方形或横长方形；河北及辽西一带的房屋一般体量小，多为青灰背草泥平顶；山西一带常见砖瓦到顶的楼房；江浙地区屋面较陡，直接在木椽上铺以小青瓦；昆明一带的"一颗印"式住宅地盘方整，且多为楼房；大理白族的住居虽是庭院式住宅，但却是别具一格的"三坊一照壁"、"四合五天井"。由此可见，中国的民居建筑真可谓千姿百态。

　　第三，各地民居在建筑的细部处理上也各有特色，如门窗的大小、室内外装饰、色彩的运用等。即使是同一地区的同类型民居建筑，也常常表现出因村而异、因宅而异的细部特征。所谓"百里不同风，十里不同俗"，说明了民居建筑形态各异、色彩纷呈的景象。因此，当人们谈论到中国的民居建筑时，似乎谁都知道几种，但全国究竟有多少种民居建筑，似乎又谁也说不清。不过，本着"取其大同，弃其小异"的原则，以建筑结构和空间布局为基础，结合地域分布、使用范围、民族差异、文化背景和建筑特色进行考察，还是可以举出以下 15 种作为中国民居建筑的代表，即北京四合院、朝鲜族民居、蒙古包、维吾尔族住宅、窑洞式民居、徽派民居、苏杭水乡民居、客家土楼、侨乡民居、上海石库门里弄民居、"一颗印"式住宅、白族民居、傣族竹楼、西南山区木楞房和藏族碉房。

绚丽的中华文明之花

有人说，建筑是人类创造的最值得自豪的物质文明之一，而民居建筑又是建筑百花园中的一枝奇葩。一个民族的伟大创造及对整个人类文明的重大贡献，往往表现在它们的建筑中，像长城、故宫、天坛等宏伟而著名的古代建筑，就是中华民族灿烂文化的代表。而各族人民在长期的生活实践中创造、发展起来的民居建筑，经济实用，灵活多样，各具特色，使得建筑的百花园更加万紫千红、争芳斗艳，都是各族人民聪明、才智和劳动的结晶。因此可以说，民居建筑是一朵绚丽的中华文明之花。

民居建筑的发生，首先就是对人类文明的重要贡献。民居建筑的起源虽然可以上溯到上百万年前人类居住在天然洞穴或栖息于树木之上的遥远的过去，但作为民居建筑本身——永久性人工住所的建造却是从一万多年前开始的。永久性住所的建造，使得人类的定居生活成为可能。由于定居，进一步加速了植物的栽培和动物的驯化，原始农业发展起来，从而为人类提供更充足的生活资料，尤其是食物，进而使人类体质得以增强，人口也急剧增多。同时，大量永久性住所聚集一地，便形成了村落，村落的进一步扩大和发展，为城市的出现准备了前提条件。此外，人口增多并且聚集于一地，使人与人之间接触增多，人与人之间的关系逐步复杂化，于是促使社会结构向着更高的形态发展。因此，不少科学家把以永久性住所的建造为基础的定居，作为新石器革命的一个重要标志。可见，民居建筑——永久性住所的建造，不仅标志着人类的生存能力发生了飞跃，而且是对人类文明的一个重大贡献。

民居建筑的发展，同样闪耀着中华文明的光辉。为了在各种不同的自然环境下生存，为了适应各种社会生活的需要，为了在有限的条件下不断提高居住生活的质量，人们进行了长期而艰苦的探索，取得了光辉的成就。譬如，原始社会晚期人们在居住建筑的建造和使用过程中发明了夯土，使后来大规模的高台建筑、城垣建造以至万里长城的修建成为可能。为了克服泥土墙壁和茅草屋顶的不耐久性，人们发明了砖瓦的烧制，使建筑材料发生了质的飞跃，后来才有高耸入云的砖塔、金碧辉煌的明清故宫建筑群的建成。由简单的穴居发展而成的窑洞住居，虽然看起来原始、简陋，但它不用一砖一瓦、一草一木，就能为人们提供冬暖夏凉、安全舒适的居住环境，是中国对世界建筑的重要贡献。在世界走向超工业化时代的今天，科学家们从窑洞住居这一生土建筑中提出了现代穴居——掩土建筑的设想。为了躲避潮湿和虫兽的侵袭而发明的高离地面的干栏式住居,直到今天仍为炎热地区的居民所喜爱;为了抗御严寒,东北地区的民居采用了火炕这一取暖形式;为了适应逐水草而居的游牧生活,蒙古族的蒙古包便于拆装搬运;为了抗御外敌的侵扰,并满足聚族而居的需要,客家人建造了大土楼这种集居式住宅。茫茫林海,林木资源丰富,井干式住居应运而生,只需一把斧头就可建造。凡此民居建筑所取得的种种成就,成为中华文明宝库中的重要内涵。从各个时代的民居建筑,可以看到当时社会历史的缩影;从各地各民族的民居建筑物上,都会感觉到浓郁的地方特点、强烈的民族特性。

古代的民居建筑,逐步在历史的脚步声中消失了,但通过考古发现和各种文献、绘画资料仍可窥见不同时代民居建筑的风貌。今天,现代化建设日新月异,一幢幢现代化住宅出现在广大城镇和乡村,但我们不能忘却历史悠久的传统民居建筑。认识和了解民居建筑,不仅要了解它的历史,还要对各种民居有一个概括的认识,更要看到它发生和发展的内在动力和外部原因。在这里,让我们沿着历史的长河,去追寻民居建筑发生和发展的历史吧;让我们从黄海之滨到天山南北、从塞外北疆到南国边陲进行一次漫游,去领略各地各民族民居建筑的风采吧;让我们站在中华文明的高山之上,对中国的民居建筑作一次历史的观察和思考吧。

一　民居建筑的起源与史前住居

从北京人的洞穴住居谈起

大约在200多万年前，人类从能够制作第一件工具开始，学会了劳动，继而学会了直立行走，终于从动物界分离了出来。在人类历史的童年时期，虽然人类的智力还很低下，双手也还很不灵活，但人类要生存，就要住，就要有住的地方。于是，在山林丘陵生活的人们，凭借从动物界带来的本能，寻找天然洞穴作为自己的住所，遮风避雨，栖身生息。北京人居住的洞穴，向我们展现了远古人类以天然洞穴为住居的生活图景。

科学家们在北京城西南50公里的周口店的山洞中发现了著名的北京人遗址，找到了北京人的"家"，周口店因之而闻名于世。北京人的家位于周口店西边一座叫龙骨山的山北坡半山腰，是个天然的石灰岩溶洞。龙骨山的北面和西面是层层山峦，东北面是连绵的丘陵；东面是一条从北面山上流出的溪水——坝儿河，蜿蜒南流约10公里汇入琉璃河；南面和东南面是一望无际的广阔平原。北京人在这里居住时，附近还有湖泊和沼泽地。随着气候和环境的变迁，北京人在这里生活的后期，附近还出现过大片干燥的草原。龙骨山北坡北京人居住的洞穴，规模相当可观，东西长140米，东部宽达40米，西端仅宽2.5米。洞顶因风雨侵蚀已大部分坍塌，洞穴的东端为出入口。在北京人入住之前，洞穴空空的，曾被洪水淹没过，也曾被一种现已灭绝而喜欢穴居的中国鬣（音liè）狗占据过。北京人来到这里后，赶走了猛兽，成了洞穴的主人。但是，最初到达这里的北京人并没有世代相传一直住下来，洞穴的主人曾多次变换。当一群北京人在这里居住一个时期后，由于种种原因而移居他处，经过若干年之后，才有另一群人从别的地方迁居到这个洞里。在漫长的岁月里，风雨把大量土沙带进洞里，而且洞壁、洞顶也经常坍落下石块，加上北京人抛弃的垃圾，结果洞穴逐渐被填平了，堆积厚度达40多米。洞中的堆积物层层叠压，记录了北京人在这里生活的历史。洞穴堆积中，包含有北京人作为劳动工具使用的石器和骨器，以及用火的遗迹，也包含有他们自己的骸骨和食用食物后而遗弃的各种兽骨。研究表明，北京人从大约50万年前最初迁居到这里，到20万年前离开，前后居住达30万年之久。

　　关于当时北京人在这里居住时的生活情景，古人类学家做了这样的描绘：早晨，随着火红的太阳从东方冉冉升起，赤身裸体的北京人从洞里走出来，围拢在洞外的火堆旁。他们商量好一天的活动便分头行动了。上了年纪的人留在洞中，除了照看幼小的儿童和制作石器等工具外，还肩负着看管火种的重任。"火"对他们来说至关重要，不仅可以用来烧烤食物，而且还用以防御猛兽的侵袭，冬天还可以取暖。外出的人们，有的到河滩上挑选河卵石，用以制作石器；有的用石器砍削木棒，制作狩猎用的工具；有的在龙骨山南面的草原上手举木棒围猎肿骨鹿；有些妇女和儿童在山坡上采摘野果，挖掘植物的块茎，或用骨棒和鹿角挖鼠洞捕捉老鼠。太阳落山了，夜幕徐徐降临，外出的人们各自带着一天的劳动果实回到住所，围在火堆旁，共同分享猎获的动物和采集的植物。夜深了，大家走进洞里，各自挑选一块离火堆不远的干燥的地方，铺些干草睡下。新的一天在人们的梦乡中又悄悄来临了。

北京人居住洞穴的最高处，当时留下了一段空隙。经过十几万年风雨的剥蚀，空隙扩大，成了一个新的洞口。大约18000年前，山顶洞人又来到这里安了家，一直居住到大约1万年前。这个洞的洞口高约4米，宽约5米。洞穴东半部的"上室"向南伸进约8米，是人们居住和生活的地方。洞的西半部是一个"下室"，是埋葬死者的地方。

像北京人和山顶洞人居住过的这种天然洞穴，全国各地已发现50多处，属于50万年前到1万多年前的旧石器时代，有的甚至晚到8000多年前的新石器时代早期。这些洞窟大部分位于河湖岸边的山坡上，以便汲取生活用水并有较丰富的食物来源。洞口一般高出附近水面20~60米，洞内较为干燥，而且洞口总是选在背风的地方。就是这些天然洞穴，作为人们最初的住所，伴随着生活在山林丘陵的远古人类度过了漫长的历史岁月。

当生活在山林丘陵地带的人们以洞穴为家时，生活在平原上的远古人类以什么为家呢？古人类学家和考古学家们虽然在平原的许多河旁阶地发现过古人类化石，以及远古人类使用过的石器等，但至今尚未找到当时人们居住的遗迹。他们或许像古文献上所记载的那样在树上架木为巢；也许像世界上的一些原始部落那样将树干和树枝插入土中，形成一道围墙，上面覆盖树枝和茅草，构成一个简单的临时住所——风篱。但无论如何，随着人类的进化和历史的前进，人们终于开创了用双手建造永久性住所的时代，居住建筑终于出现了。

史前住居的主要形式

经过上百万年的漫长岁月，人类的体质在劳动中不断进化，智力不断提高，认识自然和改造自然的知识和经验逐渐积累起来。到1万多年前，人们在植物采集活动中开始了植物的栽培，在动物狩猎活动中学会了动物的驯养，于是要求人们在一个地方相对永久性地居住下来，以便从事植物的栽培和家畜的饲养；人口的不断增加，婚姻形态的发展变化，对住所的结构和条件也提出了更高的要求；复合工具的发展，磨制石器的出现，上百万年居住洞穴和构筑临时简单住所的经验的积累，使大规模建造永久性人工住居成为可能。于是，人们发挥自己的聪明才智，凭借双手和简单的劳动工具，依靠群体的力量，开始了永久性人工住居的建造。永久性人工住居的建造一经出现，便获得了迅猛的发展，在各个地区很快出现了适应当地自然环境、结构不同、形态各异的住居。到4000多年前，人工住居的建造已达到了相当高的水平，地穴式住居、干栏式住居、半地穴式住居、地面建筑住居等是中国史前住居的主要类型。

地穴式住居 地穴式住居，又叫做"穴居"，即掘地为穴，作为住居。它是人工住居的最初形态之一，是从以天然洞穴为住居而发源的，在古代文献中称之为"营窟"或"掘室"。地穴式住居又有横穴式和竖穴式两种形式。

横穴式住居，又称窑洞式住居，是在黄土断崖或陡坡上横向掘一洞穴作为住所，是黄土地带人们直接模仿天然洞穴而创造的一种居住空间形式。关于这种住居的形制结构，古代文献中没有明确的记述，考古学家凭借自己的智慧和双手揭开了窑洞式住居的面纱。宁夏林子梁遗址窑洞式住居的发现和复原研究，把4500年前的窑洞式住居及其村落展现在了人们面前。

林子梁是宁夏海原县菜园村南的一条南北向山梁，1987年以来，考古工作者在这里发掘了一处4500年前的村落遗址。遗址南部发掘的13座住居中，有8座为窑洞式住居。窑洞式住居坐落在半山腰，分上、中、下三排南北并列：上排2座，中排4座，下排2座。其中的3号住居（见图1），由居室、门道和场院等部分组成，是一处普通住居。居室是一个挖建于生土中的不规则半球形居住空间。居住面呈不规则圆形，南北面阔4.8米，东西进深4.1米，面积约17平方米；周围是高2.4米的生土壁，其上部逐渐内收；顶部为双曲生土拱，即常说的"穹隆顶"，室内空间最高处约3米左右。洞室中央有一圆形锅底状灶坑，用来烧烤煮食；西北部近洞壁处有一片红烧土，为长年燃火所致。洞室挖建之初，居住者曾在室内挖建有2个储藏物品的窖穴和2个放置器物的小圆坑，但后因废弃不用而被填平了。门道开在洞室的东北侧，方向约北偏东77度。门道宽1.44米，长1米左右，顶部为拱形。宽宽的门道利于室内采光和通风防潮。门道中央设一条南

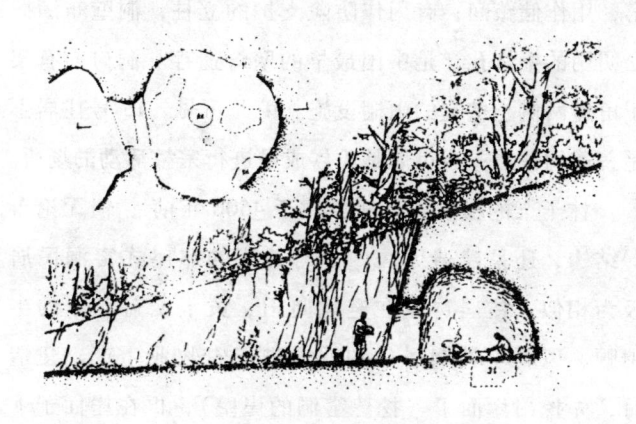

图1　横穴式住居

（宁夏固原林子梁遗址3号住居址平面及其复原图）

北向土塄，用作防水门槛。门道及其附近没有发现掩闭设施的遗迹，推测当时或许是用草木扎成的门帘来遮挡的。门道外面是一片在生土坡上挖填而成的场院，场院呈不规则半圆形，面积约37平方米，是当时的室外活动空间。这一住居曾被长期使用，室内地面逐渐被垫高。在使用过程中住居突然坍塌时，有一成年人被压死在洞里，直至今日考古学家才把他挖掘出来。

林子梁遗址发现的其他窑洞式住居，布局和结构与3号住居大致相同，但又各有特点。如9号住居，居室平面呈扇形，顶部为单曲筒拱式，室内立有若干用于防险支护的木柱，门道中间发现了用于安装门扇的木柱遗迹，内壁抹有黄土草拌泥，门前场院为细长的沟状甬道，直通外边的路沟。又如13号住居，洞室平面呈马蹄形，面积达30多平方米，中央的椭圆形灶坑长径达2.2米。洞内有用隔墙划分的小空间，还设有套窑，用作储藏间；有用作防险支护的立柱，洞壁布满插松明用的壁灯孔，是中国最早的壁灯遗存。洞口前有架于甬道两侧土壁上的雨棚设施。由此可见，13号住居不是普通的住居，有可能是氏族成员进行宗教活动的场所。

林子梁的横穴式住居虽建于4500年前，但无论布局结构，还是建造方法，都与近代的靠崖式窑洞民居极为相似。住居选建在避风向阳、黄土覆盖较厚的半山腰，以利于长期居住和就近进行农牧业生产。建造时，先挖出崖面子（挖建窑洞的崖壁），再在崖面子下部由外向内、由下向上分段逐层挖掘，最后再对洞壁和洞顶进行修整，并挖掘灶坑，修整场院，一座窑洞式住居就建好了。在四五千年前的史前时代，人们使用骨锸、石铲等原始工具，挖建这样一座住居可称得上是一项大工程，这需要依靠氏族成员集体的力量。除林子梁遗址外，史前时期的横穴式住居在甘肃、山西、内蒙古等地也有发现并各有特点，表明早在四五千年前横穴式住居不仅已经成为黄土地带居民所喜用的居住形式，而且已经表现出因地而异、因住居而异的特点。

竖穴式住居，是在平地上挖一竖向坑穴、在穴顶构筑覆盖物而成的一种住居形态。它作为从横穴式住居分化演变出来的一种居住空间形式，具有更广泛的适用性。甘肃镇原常山发现的14号住居址，由竖穴居室、拱形门洞及斜坡状坑道组成，是由横穴式向竖穴式演化的一种过渡形式。而河南省偃师汤泉沟遗址发现的仰韶文化时期的6号竖穴（见图2），即是比较典型的竖穴式住居。汤泉沟6号竖穴的主体部分是一个口小底大的袋状竖穴，平面呈圆形，底部直径2米，口径约1.5米，深度约2米。穴底的一侧发现有红烧土堆积，

图2 竖穴式住居

（河南偃师汤泉沟遗址6号住居复原图）

推测是灶的遗存；另一侧发现一直径约 25 厘米的柱子洞，相应的穴壁上发现有直径 10 厘米的小柱子洞，复原为支撑顶盖兼作上下出入之梯架结构的立柱和横木遗存。顶盖部分，是从穴口周围向柱顶斜架椽木，再将横向联系杆件扎结成框架，框架上面铺盖茅草、树叶等构成屋面。立柱的一侧敞开着，既作出入口，又可通风采光。

竖穴式住居的出现，摆脱了横穴式住居只适用于黄土覆盖层较厚地区且必须依靠陡坡断崖的局限，使地穴式住居的挖建地域扩展到了非黄土地带的干燥地区。但是，竖穴式住居出入不便，且穴内潮湿，湿则伤民，不易于长久居住。于是，随着建筑技术水平的提高和经验的积累，竖穴逐渐变浅，穴顶结构逐渐增高、增大而演化为围护结构，居住空间逐渐由取土而成向构筑而成转化，竖穴式住居迅速发展为半地穴式住居。

半地穴式住居 半地穴式住居，顾名思义，是居住空间一部分为生土挖建而成，一部分为围护结构构筑而成的住居。它是竖穴式住居向地面建筑发展演变的一个中间形式，在中国史前时期分布最广、使用最为普遍，其结构、平面及形式千差万别。其中最具有代表性的是圆形和方形半地穴式住居。

圆形半地穴式住居，是半地穴式住居的原始形式。圆形便于挖建，并易于构筑其顶部的围护结构。陕西临潼姜寨遗址的 127 号住居（见图 3），即为圆形半地穴式，竖穴深 0.48 米，直径 3.06 米，面积约 10 平方米。穴底北部有一直径 70 厘米的圆形灶坑，周围有凸起的灶圈。穴底中央偏西处有一直径 25 厘米的柱洞。

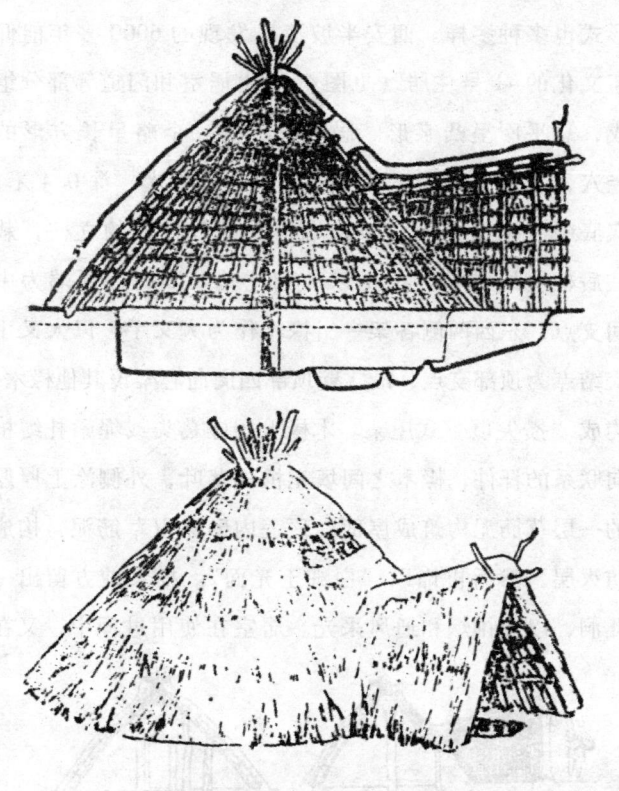

图 3　圆形半地穴式住居

（陕西临潼姜寨遗址 127 号住居复原图）

穴底、周壁及灶坑面均涂抹草拌泥，并经火烧烤呈青灰色硬面。竖穴北侧有一长 112 厘米、宽 50～72 厘米的坡道通向地面，坡道南端有高 8 厘米的门槛。经复原，该住居为一带门篷的尖锥顶圆形房屋，其年代为距今 6000 多年前。这种建筑后来仍然常见，只是主要不用于居住，而用作储藏物品的仓窖。

方形（长方形）半地穴式住居，是晚于圆形半地穴式住居而出现的，但它一经出现便获得了迅速发展，形式也多种多样。西安半坡遗址发现的 6000 多年前仰韶文化的 41 号住居（见图 4），由居室和门道等部分组成，总平面呈凸字形。居室下部是一个略呈长方形的竖穴，东西面阔 4.4 米，南北进深 3.2 米，深 0.4 米。穴底中央东西并列两根顶端留有部分枝杈的立柱，栽柱后柱坑周围填以泥土以加固柱基。以两柱顶端为中间支点，东西两侧各架一斜椽木作为大叉手，以大叉手交结点为顶部支点，沿穴壁顶部四周向心架设其他椽木，构成"攒尖顶"式屋架。木椽上用藤葛类或绳索扎缚横向联系的杆件，椽木之间填充植物茎叶，外侧涂上厚厚的一层草筋泥构筑成屋面。顶盖内壁涂以草筋泥，构成防火层，然后再饰以"白细土光面"。攒尖前方留出一孔洞，以便排烟和通风采光。居室在使用过程中，又在

图 4 方形半地穴式住居

（西安半坡遗址 41 号住居复原图）

室内立两柱,用以加固支撑顶盖。室内西侧居住面高出东侧约 10 厘米,表面坚硬光洁,以供人们寝卧休息。这或许就是"炕"的雏形。两根立柱前设有一直径 1 米、深 20 厘米的圆形火塘,为炊事和取暖的燃火设施。门道设在居室南壁中部,下部为一沟状坡道,由室内斜通室外地面。门道南端有两个台阶,供上下出入。门道长 2.3 米,宽 0.45~0.7 米,门道上用构筑顶盖的方法构成的两面坡雨篷,可以减轻风雨对室内的袭击,并使室内较为隐蔽和安全,弥补居寝暴露的缺陷。门道前方有防止雨水流入的低矮如门槛的泥土埂。很显然,这一住居已经是半地穴式住居发展到一定阶段的作品。

半地穴式住居无论在平面布局、细部结构上怎样变化,但其基本的构造是相同的,即住居内部空间的下部系挖建而成,上部系构筑而成。也就是说,下部是就地取土形成的四壁,上部是利用树枝枝干及草泥土等构成的围护结构。这种在竖穴之上构筑顶盖的住居形式,已经具备了建筑学上的空间与体形两个方面。而在结构上,半坡 41 号住居等所代表的木骨涂泥的构筑方式,奠定了中国古典建筑土木混合结构传统的基础,成为土木混合结构的中国古典建筑的始祖。

地面建筑式住居　地面建筑式住居,是从地穴式住居,经过半地穴式住居的过渡发展而成的。人们在营建和使用地穴式、半地穴式住居的社会生活实践中认识到,这种住居虽然结构简单、易于营建,但长期居住,潮湿会严重损害人的身体,于是人们逐步升高居住面,从而使竖穴变浅,直至居住面上升到地面;同时,人们利用树木枝干做骨架、植物茎叶或敷泥土作面层构成围护结构的构筑技术不断积累和发展，最终达到了可以不依赖竖穴而独立构成足够的使用空间的程度。于是，地面房屋建筑终于诞生了，其时在距今6500年前后。

地面建筑式住居的最初形式是圆形的，而且顶部和四周的围护结构浑然一体，屋盖和墙体尚没有明显的分界。山西芮城东庄村201号住居址即是代表，它是从圆形半地穴式住居中蜕变而成的，其发展速度异常惊人，如6000多年前的半坡遗址3号住居，其形式和结构已相当进步。西安半坡遗址3号住居（见图5），墙体与屋盖有明显分界，下部是直立的墙体，上部为圆锥形屋盖，而且屋盖大于墙体而形成"出檐"。墙体为木骨泥墙结构。环绕居住面均匀地栽埋树木枝干作为木骨，木骨上扎结横向连接杆件，再在木骨间及内外两侧敷上厚厚的草泥，构成木骨泥墙。屋盖也是木骨上涂抹草筋泥的结构，为一圆锥形，由东西并列于居室中央的6根立柱支撑，周围搭接在墙体顶部。

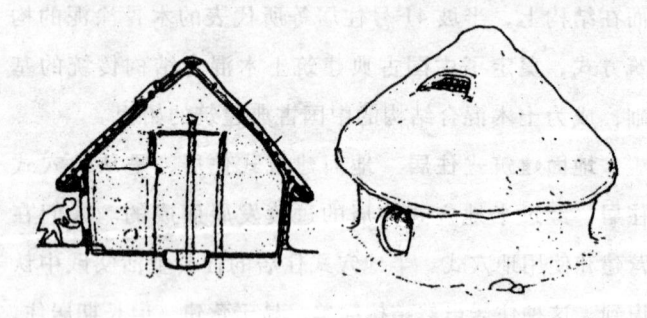

图5　圆形地面房屋建筑

（西安半坡遗址3号住居复原图）

屋面的南坡设有一个排烟和采光的风口，即古文献上所说的"囱"。通风口周缘筑有草筋泥土塄，以防止雨水流入。居住面作规则的圆形，直径5米。居住面经过防潮处理，下部铺垫树枝和芦苇作为防潮层，上面再敷厚约8厘米的草筋泥面层。居室中央挖建一个长106厘米、宽70厘米的火塘。火塘平面呈瓢形，深32厘米，周缘筑有高出居住面的土塄，用以承放炊煮用器具。后世的锅台就是由火塘周缘的泥土塄发展而成的。出入口向南，推测为圆形门洞。门洞下部是木骨敷泥结构的高门限。居室内部出入口两侧各筑一堵木骨泥墙结构的隔墙，使居室东南隅和西南隅形成较为隐蔽的空间，以满足寝卧的要求。这种在门内两侧立隔墙所形成的隔墙背后的隐蔽空间，已初步具备了寝室的功能，这就是建筑学上所说的"隐奥"。它的出现，标志着史前居住建筑在空间功能的组织上已经启蒙。两隔墙之间形成的独立的缓冲空间，不妨看做是后世的"门厅"，即中国传统建筑中"堂"的雏形。这一空间纵向扩展，则将室内分隔成前后两部分，形成后世"前堂后室"的布局；作横向发展，则与两侧的隐奥形成"一明二暗"的格局。因此建筑史学家认为，门内两侧隔墙的出现，是建筑史上一件非同小可的大事。

  方形地面建筑式住居的出现稍晚于圆形住居。它出现后开始逐步取代圆形住居。西安半坡遗址24号住居（见图6），就是方形地面住居获得初步发展后的作品。该住居平面略呈方形，东西面阔4.28米，南北进深3.95米。居住面是先用宽约25厘米的木板满铺一

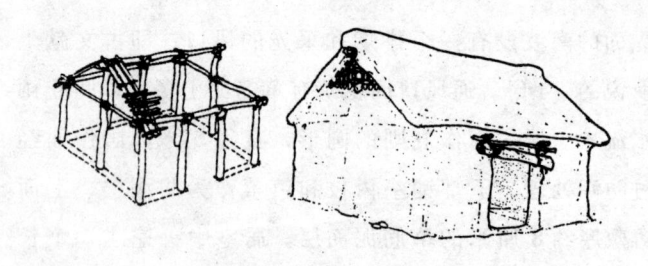

图6 方形地面房屋建筑

（西安半坡遗址24号住居复原图）

层，再在其上分层涂敷草筋泥，草筋泥经火烧烤呈红色硬面。这是当时较为先进的居住面防潮、防火处理方式之一。居室四周墙体为厚16厘米的木骨草泥结构，木骨为板材。墙体内埋设支撑顶盖的承重立柱10根，柱子顶端东西向架设"栋"（脊檩）和檐檩，檩上密排木板椽，板椽上缚扎横向杆件。板椽密集，直接在椽上涂敷草筋泥面层，构成两面坡式屋盖。出入口设在南壁正中，朝向南偏西。门较宽敞，宽约80厘米，推测是用编笆之类不固定的挡板掩闭。另据研究，排烟通风口设在两侧山墙的上部，即古文献中所谓的"牖"，后世演变为"窗"。这一住居显示，当时这类住居的外围支柱在功能上已明显地出现了承重与围护的分工，四壁及居室内的承重立柱已略呈柱网，初步具备了"间"的雏形。它表明中国以间架为单位的"墙倒屋不塌"的传统木构框架结构体系已趋于形成。同时，直立的墙体，倾斜的屋盖，开创了中国传统建筑的基本形体，在建筑史上具有重要意义。

方形地面住居在由低级向高级、由简单到复杂的发展过程中，布局结构也由一栋一室向着一栋多室的方向发展，以适应新时期家庭生活的需要。河南省邓州八里岗、淅川下王岗、郑州大河村等地发现的仰韶文化晚期的连间式房屋和排房建筑表明，大约在距今5500年前后，一栋多室的住居已经出现在中国的中原大地上。从建筑学上看，这种多间并连或大房内又隔出小套间的住居，比同样面积的一栋一室建筑减少了外围结构，不仅节省人力物力，而且提高了隔热、取暖的效率，是史前居住建筑走向成熟的重要标志之一。从社会生活上说，随着社会的前进，原有的母权制对偶家庭发展成为一夫一妻制家庭，居住建筑必须满足夫妇及其子女共同生活乃至几代人共同使用的要求，使得原来的一栋一室式住居发展为一栋多室式住居，并且随着家庭人口的增多或子女长大成婚，在原有住房不敷使用的情况下增建住房。这使我们看到，即使在史前时代，居住建筑也是为着不断满足因家庭和社会结构变化而产生的居住要求而不断发展变化的。

干栏式住居 人工建造永久性住所的时代开始之后，中国北方地区的居住建筑沿着地穴式—半地穴式—地面建筑的道路向前发展，而南方地区则由巢居发生和发展起了另一种居住建筑类型——干栏式住居。所谓干栏式住居，就是在由柱、桩构成的架空基座上构筑的高出地面的居住房屋建筑。从浙江余姚河姆渡遗址发现的距今7000年前的干栏式建筑遗存，可以窥知中国史前时期干栏式住居之一斑。

河姆渡是杭州湾南岸、宁绍平原南缘姚江河畔的一个村庄,西距余姚市约25公里,因隔江相望的姚江北岸有一个河姆渡渡口而得名。1973年夏天,当地农民在村北面修建水利工程时于地下3米处挖到了黑色陶器残片及木构件等,后经考古工作者的科学发掘,发现了当时所知中国最早的人工栽培稻谷和木构建筑遗存,以及各种生产工具、生活用具及装饰品等,河姆渡遗址成了举世闻名的新石器时代村落遗址,被誉为"七千年前的文化宝库"。

河姆渡遗址发现的干栏式建筑遗存,是中国目前已知最为古老的木构建筑。其数量之众,结构之复杂,技术之进步,无不令人叹为观止。仅第一次发掘的300平方米的范围内,就发现了南北向排列的木桩遗存13排,出土木构件800多件。根据木桩的排列及木构件的情况,古建筑学家把这种木构建筑遗存复原为以木桩为支架,支架上面架设大梁和小梁以承托地板从而构成架空的基座,再在基座上立柱、架屋梁及人字形叉手长椽而构成的干栏式建筑。木桩一般直径8~10厘米,密排板桩厚3~5厘米,最宽者55厘米。一般木桩打入地下40~80厘米,主要承重大桩打入地下深1~1.5米。承托地板的大梁跨度约3~3.5米,小梁跨度则在1.3~3.9米之间。地板一般长80~100厘米,厚5~10厘米,浮摆在小梁上,可以掀开,从室内投下垃圾。柱高2.63米。四壁有的是木板壁,并以泥土填塞涂抹板缝;有的是以稻草、芦苇或树枝条编结而成,表面再涂以草泥土。屋盖为两面坡式,为防止雨水的侵蚀,做成长脊悬山并附披厦的形式。屋面用稻草、芦苇或树皮做成面层。第一次发掘的第8、10、12、13排木桩被复原为一栋干栏式长屋（见图7）。长屋总面阔23米以上，进深7米，前檐有宽1.3米的廊道，廊道外侧设有直棂栏杆，地板高出地面1米左右，由木梯上下。

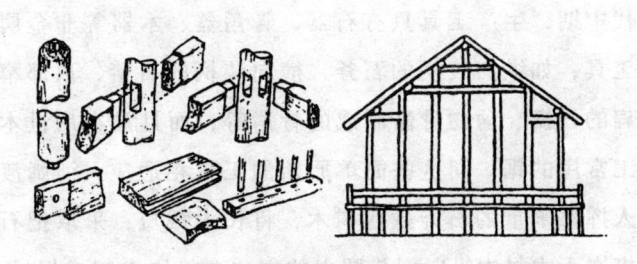

图7　浙江余姚河姆渡遗址出土的木构件及
干栏式长屋复原图（侧立面）

用木材建造规模如此之大的大体量建筑，离不开各种结构的木构件。在遗址出土的实物中，带榫卯的木构件已见到11种之多。如圆木两端加工成柱头榫和柱脚榫的立柱，柱头榫上承屋梁之用，柱脚榫则用以连接地板的龙骨；带有方形或长方形榫头的方木梁；榫头上横穿销钉孔的木构件，防止构件在受拉状态下脱榫；带有燕尾榫的方木构件；带有双凸榫的方木构件，能够连接两种不同卯孔的构件；带有曲尺形榫头的梁柱构件；带有双叉榫的枋木；带有柱头榫并凿出透卯的圆柱，可以从两侧相向插入横梁或枋木的榫头，堪称后世"平身柱"的始祖；带有两个相互垂直的卯孔的木构件，显然是用以承接两个相互垂直的横向梁枋构件的转角柱；两侧带有企口的木板构件，使木板拼接后不见透缝；方木一侧等距离凿出卯孔以便插入栏杆直棂所用的方木构件等。正是这些连接方法各异、制作精细的木构件，构筑起了一座座干栏式建筑。

要将树木加工成各种结构复杂的木构件，没有相应的工具和技术是难以做到的。7000年前的新石器时代中期，生产工具只有石器、骨角器、木器等非金属工具，如纵向装柄的石斧、横向装柄的石锛、顶部窄扁的石楔、动物骨骼制成的骨凿等，而且没有后世木工常用的锯。同这些简单原始的工具相适应，河姆渡人挥舞笨重的石斧砍伐树木，将长木截短；采取把石楔嵌入木材中纵向剖裁圆木的方法，将原木制成板材；使用石锛，对木板进行刨光，对各种木构件进行细加工；制作榫头，是用斧锛进行砍剁；挖凿卯孔，骨凿是得心应手的工具。使用如此简单的生产工具建造结构如此复杂、规模如此之大的干栏式建筑，技术难度之高、劳动强度之大是可想而知的。一座座干栏式住居，是河姆渡人智慧的结晶，是氏族成员集体劳动的杰作（见图8）。

研究表明，7000年前的河姆渡村北并没有今日东流的姚江，而是一片低洼的湖泊沼泽地，村南是一条小溪和四明山的北麓。河姆渡人选择了山地和湖泊之间的缓坡地带背山面水构筑起一座座干栏式住居，建成了自己的村落。他们在村北的湖沼地带种植水稻、捕捞鱼虾，在附近的丘陵山地猎获野兽、采集果实根茎，还在干栏式住居的底层饲养猪、狗、牛等家畜，过着集体劳动、共同分配、饭稻羹鱼的原始共产制生活。在泥泞多雨的水网地带，干栏式建筑既可以防虫

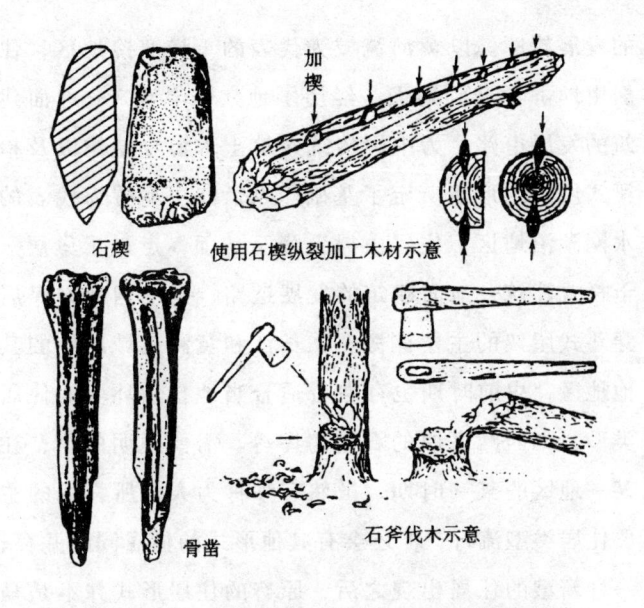

图 8　浙江余姚河姆渡遗址出土的工具及使用方法

蛇猛兽之害，又可避潮湿，还可豢养家畜，因此它不仅是六七千年前江南水网地区的主要住居形式，而且历经几千年而不衰。时至今日，中国西南少数民族地区仍可以见到这种古老的民居形式。但是，干栏式建筑也有其自身难以克服的弱点，如出入上下必须依靠梯子，对老人、幼儿不方便；构筑起来需要大量木材，保暖性能较差，不利于防火，等等。因此，随着人类征服自然能力的不断提高和自然环境的变迁，这种住居在不少地区逐渐被淘汰，而代之以地面建筑的住居。在河姆渡遗址，距今 5500 年前后地面建筑式住居开始出现，到 5000 年前普遍流行起来，显示出长江下游地区干栏式住居逐渐被地面建筑式住居所取代的历史进程。

大量的考古发现和研究，勾画出了中国史前住居的发展轮廓。以黄河流域为代表的干燥寒冷地区，住居由地下上升到地面，经历了地穴—半地穴—地面建筑的发展道路，为中国传统建筑土木混合结构以及抬梁式屋架的形成奠定了基础。以长江中下游为代表的水网湖沼地区，住居由树上降至地面，走过了巢居—干栏式建筑—地面建筑的发展道路，是中国南方民居穿斗式屋架的主要渊源。在长江和黄河流域以外的其他地区，史前时期也存在着适合当地自然环境的住居类型，如西藏高原的石壁房屋等。需要说明的是，在某一地区的某一时期，虽然有一种为人们所喜用的主要住居类型流行，但还会有其他形式的住居同时并存；一种新型的住居出现之后，原有的住居形式并不是马上消亡，而是在继续营建，有的甚至延续数千年之久。

3 史前村落掠影

村落，作为人类历史上最先出现的永久性居民点，是随着永久性住所的营建而产生的。当一定数量的人群在一定的地域内建造起一定数量的永久性住所定居下来从事生产活动和社会活动时，一个村落也就形成了。村落的出现，大约是一万多年前的事情。同住居及其他事物一样，村落的形态也是随着生产力的提高和社会的不断进步而发展变化的。考古学家对史前村落遗址的发掘和复原研究，向我们描绘了一幅幅史前村落的图景。

西安市东郊的半坡遗址，是中国第一个经过大规模考古发掘和全面研究的史前村落遗址。半坡村始建于6800年前,是母系氏族公社繁荣阶段的一个村落。它坐落在高出河面约9米的河旁台地上,村东是白鹿原,村西有浐河自南而北流过。村落范围大体上呈南北长、东西窄的不规则圆形,最长处300米,最宽处200米,总面积约5万平方米。其中居住区约占3万平方米。居住区由一条宽大的围沟所环绕,围沟壁陡底深,深5~6米,宽6~8米,既是村界,又具有防御功能。沟北是公共墓地,墓地内墓葬排列整齐,将本村的死者(婴幼儿除外)集中埋葬在墓地里,让人们死后仍然作为集体的一员"聚居"于一处。沟东是窑场。陶窑集中于一地并设于居住区外,反映了氏族内部社会分工的存在,同时也利于防火并避免对居住环境的污染。由居住区通向墓地、窑场及水源的通路,在围沟上架设木桥。居住区内分作两个小区,小区中间以一条深1.5米、宽约2米的沟道为界,说明村内居住有两个氏族集团。每个小区内都有一座面积达160平方米的大房子,一方面兼作氏族首领的住所,更主要的是作为氏族成员集会等公共活动的场所。大房子周围密布供各个母权制家庭及对偶家庭居住的中、小型房屋,作不规则圆形布局。中小型房屋有方形和圆形两种,既有半地穴式住居,又有地面建筑式住居,面积12~40平方米不等,但门向皆朝向大房子。房屋之间挖建有用于储藏物品的窖穴,即口小底大的圆形袋装竖穴。居住区北侧有用立柱围成的长方形建筑,是饲养猪等家畜的圈栏。居住在村子里的半坡人,有的在村内加工制作石器等劳动工具,有的在窑场烧制陶器，有的在附近的良田沃野上"刀耕火种"，种植粟、白菜等谷物和蔬菜，在栏圈里饲养家畜，在树林中采集榛子、栗子、松子等野果，在丛林中狩猎鹿、狐、竹鼠等野兽，在河流沼泽中捕捞鱼虾，构成了一幅男耕女织、集体劳动、共同分配的原始共产制的生活图画。

自半坡向东约40公里的骊山北麓的临潼姜寨遗址，是又一处典型的母系氏族公社繁荣阶段的村落。姜寨村坐落在地势平坦、水源充足的河谷平原上，南依骊山，北望渭水，临河自南而北流经村西。据考古发掘和研究，姜寨村始建于6600年前，由居住区、烧陶窑场和墓地三部分组成。居住区平面呈椭圆形，面积近2万平方米，西南以临河为天然屏障，东、南、北三面有人工壕沟环绕，壕沟内侧有用木桩和树枝编成的栅栏，并每隔一定距离建一座小房子用作哨所。居住区西南有一通道，以便到河中取水及外出作业；东南有两个出入口通向墓地。居住区中部是一个面积约4000平方米的中心广场，广场四周分布着5组以大房子为主体的建筑群。每组建筑群各有大房子1座，其附近建有中小型房屋十几座甚至二十几座，全部房屋的门均朝向中心广场。房屋附近分布有储藏粮食及物品的竖穴仓窖和许多儿童瓮棺葬。广场西侧南北并列有两个圆形的家畜圈栏。村西南的临河岸边，有数座陶窑构成的陶器烧制场，似乎是氏族的共有产业。村东壕沟外为墓葬区，南北分布着3片墓地。就整个布局结构来看，姜寨村显然是5个母系大家庭构成的一个氏族的住地，或者是由5个氏族组成的一个胞族的村落（见图9）。

一 民居建筑的起源与史前住居

图 9 陕西临潼姜寨史前村落复原图

像半坡、姜寨这样的村落，在甘肃、河南、内蒙古、安徽、湖北等地还发现有很多。大量的考古发现表明，母系氏族公社繁荣阶段的村落具有相当的一致性。村落选建在河流或沼泽附近的台地上，既便于生产生活用水，又利于渔猎和采集，还可以避免水害并利用河谷作为外出的通道。村落将居住区、生产区和埋葬区既紧密地结合在一起，又在内部有明确的区划，一个村落的居民便是一个相对独立和相对封闭的集体，过着自给自足的自然经济生活。居住区周围有围沟等防御设施，住居的建设采取凝聚式或向心式布局，反映出强烈的集团内部的团结和相互保卫意识。居住区内建有供对偶家庭居住的小房子，供母系大家庭的长者及无婚姻生活者使用的中型房屋，以及氏族成员集体活动的大房子，储藏物品的窖穴及婴幼儿墓葬就设在住房附近。这一切都适应了母系氏族公社生产和生活的需要。到了父系氏族公社时期，不仅房屋的形态发生了变化，而且村落的布局也相应地发生了变化。住居不再作向心式布局，而是成排建造；陶窑不再集中于一地，而是分散地设在住居附近，以适应家庭手工业的要求；储藏物品的窖穴不再设在住居外，而是设于住居内或同住居连为一体，以便与家庭私有制相适应。随着氏族之间差别的扩大和专业化分工的提高，有的村落演变为专业性经济中心，有的村落成为宗教中心。村落中逐渐形成了中心村落和从属性村落，中心村落开始逐步向城市化迈进的步伐。

二 历史时期民居建筑的发展历程

大约在 4000 多年前，以夏禹传位给他的儿子启而出现了"家天下"的奴隶制国家为标志，中国进入了阶级社会，开始了有文字记载的历史。进入阶级社会以后，建筑的重心由居住建筑转移到了与国家生活和统治阶级相关的政治、宗教、经济、军事等建筑上，居住建筑本身也被打上了阶级的烙印。一方面是居住建筑的两极分化，即统治阶级和被统治阶级的居住建筑发生分化及差别的不断扩大；另一方面，不论统治阶级还是被统治阶级内部，随着住居所有者的地位的高低、权力的大小、财富的多寡、贫富的差别等而出现了千差万别的居住建筑。这种现象贯穿于整个奴隶社会和封建社会。

夏商西周时期的"宫室"

在现代汉语中，"宫室"一词是指帝王所居的宫殿。但是在先秦时期，"宫"、"室"二字意思相同，是对地面建筑的房屋的通称。如《易经》上说："上古穴居而野处，后世圣人易之以宫室。"（《易经·系辞下》）而管子则说："入国邑，视宫室，观车马衣服，而侈俭之国可知也。"（《管子·八观》）秦汉以后，"宫室"才专指帝王所居的房屋。然而，先秦时期统治阶级的宫室与被统治阶级的"宫室"却有着天壤之别。夏、商、西周是中国奴隶制社会发达时期，从考古发现的当时的居住房屋建筑中，我们既可以看到奴隶主贵族的真正的宫室，也可以见到广大奴隶平民的所谓的"宫室"。

河南偃师二里头遗址是夏代后期的都城址。二里头遗址1号宫殿址（见图10）向人们展示了3600年前夏王朝宫室建筑的情景。1号宫殿址是一个完整的宫室单位，由堂、庑、门、庭等组成。全组建筑建造在一个低矮而宽广的大土台上，土台为人工夯筑而成，平面近方形而缺东北一角，周围呈斜坡状，东西108米，

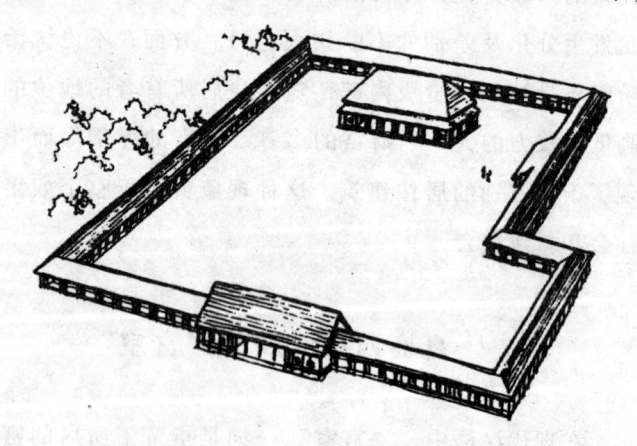

图10 河南偃师二里头遗址1号宫殿址复原图

南北100米，总面积1万平方米以上，台高0.8米。台基上四周环绕廊庑，构成一个宽广的庭院。环绕庭院南、北、东三面的廊庑是居中设墙、两侧立柱的复廊形式，廊庑跨度6.5米；庭院的西庑，外侧设木骨泥墙，内侧立柱，进深6米，以大叉手（人字木）承托脊檩。四周廊庑均为两面坡式顶盖，前后檐设擎檐柱，出檐较大。东庑北段内廊有三间进深加大而略成厢房形式，使人们联想起后世作为庖厨之用的"东房"。南廊中部是一进深2间、面阔8间的穿堂式大门，中央4间为通道，两侧2间是有墙体围护的"塾"。庭院北侧居中是一座主体大殿堂，为四面坡顶、两重檐的"四阿重屋"形式。殿堂建在一个东西36米、南北25米、高70厘米的夯土台基上，面阔8间30.4米，进深3间11.4米。柱子直径达40厘米，柱间使用联系梁。屋盖采用大叉手支撑檩、椽，屋面用茅草铺装，即"茅茨土阶"。周围立擎檐柱，建成回廊。室内用木骨泥墙分隔成所谓的"旁"、"夹"、"室"等若干房间，中间是厅堂，既可用于奴隶主贵族办理统治事务，又便于生活起居。这一以高大的殿堂为主体的宫室建筑，造型重叠巍峨，结构严密合理，产生出崇高庄重的效果，尤其是在当时大量半地穴式住居和茅草矮屋的背景衬托之下，更显得壮丽豪华，可以说是名副其实的宫室，是广大奴隶的血汗筑成的。与此相类似的商代和西周时期的奴隶主贵族的宫殿建筑，在偃师商城、湖北黄陂盘龙城、郑州商城、安阳殷墟、陕西周原等地都有发现。

河北藁城台西村遗址是商代中晚期的一个遗址。这里发现的3300年前的居住建筑遗存，虽然没有二里头宫殿那样宏伟壮观，也没有陕西周原的宫室建筑那般结构复杂、布局严谨，但布局之灵活、结构之多样，颇具特色。其中，商代晚期的住居址除1座为半地穴式建筑外，其余11座均为木构梁架结构的地面建筑，有的是平地起建，有的则建在夯土台基之上。墙体下部为夯土筑成，而上部用土坯垒砌而成；墙壁内外都涂敷草拌泥，并用火烧烤；室内隔墙多用草拌泥垛成。屋盖和梁架由墙体支撑（无墙体处设立柱支撑），屋面用草拌泥铺装。屋顶大多为两面坡式，但少数为平顶或单面坡。有的是四面有围护结构的四壁式房屋建筑，有的则是三面设墙、一面设立柱的敞篷式建筑；既有单间式、多间式，又有一明一暗的套间式，还有一房一敞篷的形式；平面有长方形、方形及曲尺形。有的房屋设有门楼，有的在室内设壁龛，有的在山墙上开设风窗；有的房屋在营建过程中曾用人或动物作为牺牲；有的房屋在房檐下还挂有人头骨，以显示房屋主人的勇敢和富有；有的房屋墙基两侧发现有用云母粉画出的线条，线条笔直，转折处棱角规整，说明在建房时经过了精心的规划和设计。其中最大的6号住居，平面呈曲尺形，由5个单室和1个敞棚组成，每室各自开门；北房西室及西房北部二室均设有门楼，室内北侧及东北角设有阶梯形夯土台，室内墙壁和柱子上及屋檐下垂挂有人头骨；北房西室室内西部有一道宽40厘米、高10厘米的土坎，土坎内侧铺有植物茎叶，应为当时居寝的"炕";西房敞篷的西北角的墙基内埋有一个18岁女性的人头骨,当为建房时奠基所埋。以6号住居为主体,在其周围同时建造了 1~5 号、12号、14号房屋及 1 座水井,构成一组大型宅院式建筑群。6号住居以西和以北各是一个面积在 100 平方米左右的院落,西北角的水井为人们提供生产及生活用水,东北角的 14 号房屋用作酿酒的作坊。这一组建筑虽然称不上规模宏大,也不是大奴隶主贵族真正的宫室,但却生动而真实地再现了当时中小奴隶主或自由民大家庭的居住图景(见图11)。

图11 河北藁城台西村遗址宅院式建筑群复原图

至于当时广大奴隶的住居,不仅比史前时期没有任何进步和改善,甚至质量还在下降。因为在奴隶制时代,奴隶只是会说话的工具,是可以买卖的一种特殊"商品",因此他们的居住条件之恶劣是可想而知的。无论在当时的都城,如殷墟、郑州商城、长安沣西等都城址,还是一般的聚落遗址,都发现了大量地穴式、半地穴式住居，面积狭小，构造简单，阴暗潮湿，充分显示了当时广大奴隶居住条件之简陋，与奴隶主贵族的宫室形成了极为强烈的对比。然而，正是居住在条件如此之差的原始住居中的奴隶，创造了商周奴隶制时代灿烂的文化，把居住建筑发展到了一个新的阶段。仅就陕西周原西周时期的考古发现来说，不论是结构严谨、规模宏大的四合院式宫室建筑群，还是中国最早的砖、瓦等新型建筑材料的发明和使用，都是当时的居住建筑高度发达的标志，是奴隶劳动和智慧的结晶。

战国秦汉时期的房屋和住宅

中国的奴隶制历经夏、商和西周的发展，春秋时期开始走向衰落，到公元前476年的春秋战国之交，终于被封建制所取代，中国由此进入封建社会。随着铁器的推广使用，社会生产力不断提高，商业、手工业迅速发展，城市日趋繁荣，居住建筑也呈现出崭新的风貌。

战国时代居住建筑的状况，因材料缺乏，难以进行具体的说明，只能通过有关的考古发现了解当时房屋建筑的某些侧面。1982年，浙江绍兴战国初年墓葬中出土的铜房屋建筑模型，生动地再现了当时的一种房屋建筑形象（见图12）。铜屋由基座、屋身和屋盖三部分组成，总高度17厘米。平面作长方形，面阔3间计13厘米，明间比两次间宽0.3厘米；进深3间计

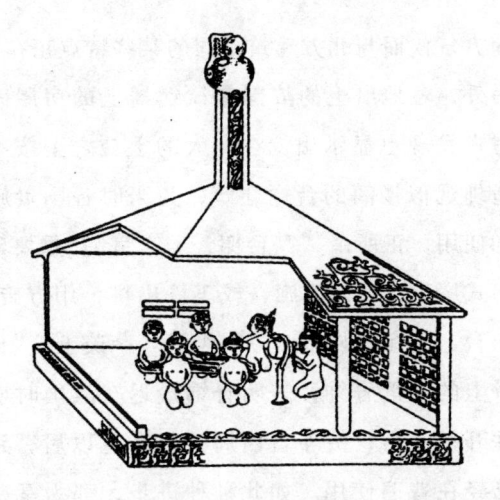

图 12　浙江绍兴出土的铜房屋建筑模型

11.5 厘米，各间深度相等。南面敞开，无门无窗无墙，有两根圆形立柱支撑。东西两面为长方格透空落地式立壁。北墙为实墙，在中心部位开设一宽 3 厘米、高 1.5 厘米的横窗。屋盖为四角攒尖形式，尖顶上立一图腾柱，柱高 7 厘米，断面作八角形，柱顶塑一大尾鸠，柱身中空，但不与屋顶相通。屋下为台基。屋盖、后墙及台基均饰勾连回纹，图腾柱各面饰 S 形勾连云纹。室内塑铸 6 个人物，皆赤身裸体跪坐，或在击鼓，或在捧笙吹奏；或抚弦弹琴，或跪立而歌。从房屋的结构和室内人物看，这样的房屋在实际生活中可能不是用于日常生活起居，而可能是集会或举行祭祀仪礼的场所。它向我们显示出，江南地区至今流行的敞厅式建筑早在 2400 年前已经出现；东西两侧的透空格子壁及北墙上的小窗，既适合温暖而又潮湿的地区通风的需要，又能够抵挡寒冷的冬季刮来的西北冷风，表明适合南方气候而与北方建筑不同的某些特点正在形成。

另外，各地出土的战国刻纹铜器上的房屋图像及有关考古发现也显示出，在高大的土台之上按不同高度建造外观似楼阁的台榭建筑，为当时各国贵族竞相建造和使用，正所谓"高台榭，美宫室"；重要建筑采用四阿式屋顶，或设回廊，或飞檐出挑，用方砖铺地、包砌土台，用瓦铺装屋面，取代了"茅茨土阶"；建筑物正脊上的鸟形脊饰，表明脊饰最迟在战国时期已经出现并开始流行；炉斗自西周初年产生以后，到战国时期已经在普遍使用。如此种种进步，都为秦始皇统一中国后秦汉时期居住建筑高潮的到来奠定了基础。

两汉时期不仅是中国封建社会建筑发展的第一个高峰期，而且反映当时居住建筑的实物资料也见到的最多，如陶住宅模型、画像砖和画像石上的图像，以及发掘出土的建筑基址等。以南方地区为例，广州地区数以百计的汉墓中出土的陶住宅模型，反映出西汉流行干栏式房屋住宅，而东汉则演变为单层土木混合结构的住宅。干栏式住宅有一字形和曲尺形两种平面布局。广州龙生岗西汉后期墓出土的一件曲尺形布局的住宅模型（见图13），底座平面为横长方形，房屋平面是曲尺形，即在正面房屋的后侧伸出一小侧房，使底座的露天部分仅为住宅平面的四分之一左右；房屋为悬山式瓦顶，正房较高，侧房较矮，外观上主次分明；正房右侧设门，左侧上部开直棂窗，窗下设菱形镂孔；正房住人，通过与后侧小屋之间隔墙上的门道可进入小屋；小屋墙上设直棂窗，底部有孔洞，用作厕所；房屋底层墙壁上施舞蹈人物状镂孔；与房屋相对的两侧绕以院墙，墙头施瓦檐。

图 13　广州龙生岗西汉墓出土的陶住宅模型

（曲尺形干栏式）

单层土木混合结构的住宅有曲尺形、三合式及日字形平面布局。曲尺形布局与干栏式住宅相同，只是房屋不再有架空的底层，后院用作饲养畜禽的栏圈。三合式住宅，是沿中轴线均衡对称地布置一堂二室，构成凹字形平面，两侧屋间以矮墙相连构成后院。它与后世三合院的根本不同在于住宅出入口设在堂屋正中，而院墙不设门。日字形布局的住宅，又称作 H 形平面布局，即由两个三合式组成前后两个院落，中央一排房屋高大并起楼，其余房屋较低矮。

除以上各种结构的住宅以外，东汉中期还出现了一种城堡式建筑——坞堡。坞堡平面作方形，四周环绕高大的墙垣，墙垣四角之上各建有方形角楼。角楼为四阿式顶盖，向外的两侧面开设瞭望窗。墙垣以瓦檐盖顶,上部开长方形和圆形窗孔,墙根辟窦洞。前后各设一大门,门上建门楼,四阿式顶盖,门楼前后均设瞭望窗。坞堡内的房屋及布局各有不同。广州东郊麻鹰岗东汉墓出土的坞堡内部的房屋,一座为四阿式顶的长方形,正面左右设门,无窗;另一座为硬山式两面坡,左侧开门,右侧上部设竖窗,屋内分上下两层,设梯以供上下,其上部用作厕所(见图14)。这种防御功能突出的坞堡建筑,是与东汉时期地主豪强割据、屯聚宗族、部勒家兵的社会形势相适应而流行起来的。墙垣四角建角楼这一中国古代特有的防御性建筑形式,一直延续到明清时期。

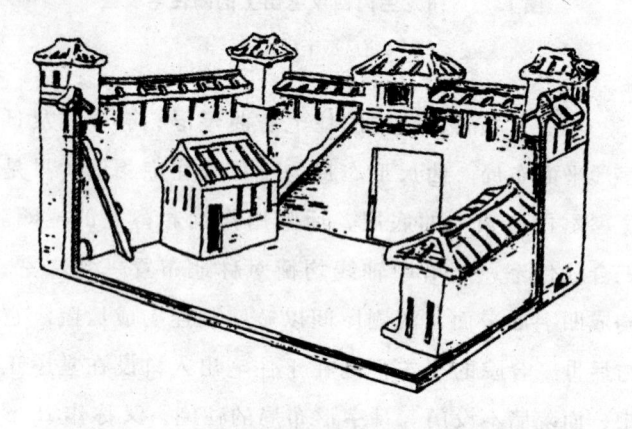

图14 广州麻鹰岗东汉墓出土的陶坞堡模型

广州出土的陶住宅模型反映了南方地区汉代的居住形式,而北方地区的住居则自有特点。河南陕县刘家渠东汉墓出土的住宅模型,平面呈方形,由前后两座平房、厢房及院墙组成。大门开在前面一栋房子的左侧,穿房而过即可进入小院。院子后部为正房,房内以隔墙分成前堂和后室两部分。院之右侧绕以矮墙，左侧为一面坡顶的厢房，当是庖厨用房。这种住宅反映了当时北方地区小型住宅的一般布局。至于规模较大的住宅，从陕西勉县老道寺东汉墓出土的陶住宅模型可以看到。该住宅是一个由宅门、院墙、左右厢房、正楼等组成的主体四合院和一个由偏门、佣人房、畜圈禽舍等组成的跨院而构成的四合院式建筑。主体四合院的前面正中是宅门，悬山式，面阔3间，中间一间为门道，门内安设双扇平板门。右厢房为四阿顶三层楼房，面阔2间。左厢房是悬山顶二层楼房，面阔3间，楼前装有扶手楼梯，通向二层入口处设小平台，为储粮之仓房。正楼高4层，面阔3间，四阿顶，设两重腰檐，一层正面是装有双扇平板门的楼门，左右山墙上开窗，为主人起居活动的主要场所。左厢房后面为跨院，以正楼左侧墙上的偏门与之相通。跨院内建有牲畜圈、猪圈、鸡舍及佣人住房。这一住宅模型，从一个侧面反映了当时中国北方地区中等地主阶层住宅的建筑和布局特点（见图15）。

成都市郊出土画像砖上的住宅鸟瞰图，表现了当地大型住宅的情况。该住宅由廊庑围成一个方形院落，院落中又以廊庑隔成左右两部分：右侧正面是装有栅栏的大门，大门内以木构廊庑隔成前后院，后院正面设厅堂建筑；左侧前院内设有井、厨房、晒衣架，后院建高楼一座，并有一奴仆正在洒扫庭除。

至于当时富豪、贵族的宅第，规模则更大，结构更复杂，不仅有可供车马出入的大门、留居宾客的门庑、

图15 陕西勉县老道寺东汉墓出土的陶住宅模型

用于宴饮的前堂、供主人及家人居住的房屋，而且还有车房、马厩、厨房、仓廪及奴婢的住处等大量附属建筑，以与他们"家累数千万，食客日数十百人"及"家童八九百人"相适应。同时，不少达官贵人还大肆建造花园式住宅，如茂陵富豪袁广汉在茂陵北山下所建的花园宅第，"东西四里，南北五里，激流水注其中，构石为山，高十余丈，连延数里"，重阁回廊，徘徊相连，并饲养奇兽珍禽，种植奇树异草（《三辅黄图》卷四）。汉代居住建筑的发展和统治阶级的奢华生活，由此可见一斑。

隋唐五代时期的村舍及宅第

隋唐时期，随着封建经济文化的繁荣，居住建筑的发展也出现了一个新的高潮。不论房屋建筑还是住宅布局都更加成熟。从唐代开始,政府对上至王公贵族、下至士庶平民的住宅及房屋建筑制定了严格详细的规定,室内家具也发生了根本性的变化。从绘画资料及出土文物可对当时的村舍、宅第发展的情况有一大致的了解。

隋代大画家展子虔,在其著名的山水画《游春图》中,以圆润的线条和浓丽的青绿色彩描绘阳春三月郊外美景的同时,以用墨线勾勒轮廓,然后填敷青绿色彩,再用深色重加勾勒的手法,生动地描绘了山乡村舍的形象。其中,有纵长方形的三合院:正面是木篱和大门,正房是脊端翘起的瓦顶,右厢房是瓦房,左厢房是茅草屋;还有横长方形的四合院:正面居中是一座带门楼的大门,进入大门是由房屋围绕的庭院;房屋均为两面坡瓦顶,房屋与房屋之间在转角处相连组成一个整体,厢房上的斗拱结构依稀可见。这些住宅采用有明显的中轴线、左右对称配列房屋的平面布局,是当时住宅建筑中比较普遍的布局方法。即使是较大型的住宅也是如此(见图16)。

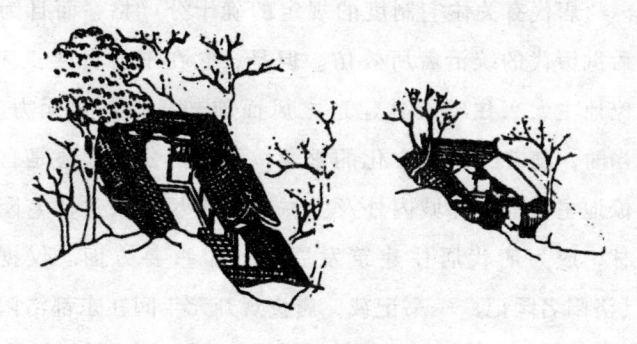

图16 《游春图》(传世最古名画之一)中的
隋代住宅形象

1959年西安市中堡村唐墓出土的一件唐三彩住宅模型，为一狭长的四合院住宅，正面居中是带门楼的大门，进入大门依次有前、中、后三进院落：前院由居中的四角攒尖式方亭和两侧厢房组成；中院由面阔3间的厅堂和两侧厢房构成；后院由高大的后堂及两侧厢房组成，并在庭院中建八角亭和假山，以作后花园。这种住宅显然不是平民百姓所能拥有的，它所反映的应当是地主富商的居住情形。至于当时的贵族宅第，有些则采用了较为灵活的布局。如敦煌壁画中所描绘的唐代住宅，有的采用乌头门形式，房屋配置不采用对称的格局，而是用回廊连接各房屋建筑组成庭院。值得注意的是，在有关唐代住宅的绘画及模型明器资料中，几乎见不到楼阁式建筑，表明汉代流行的楼阁式建筑在隋唐五代时期走向了衰落。这一重要变化是因为政府对住宅建造的规定和限制，即"士庶公私第宅皆不得造楼阁，临视人家"（见《唐会要·舆服志》）。

唐代有关住宅制度的规定的确十分严格，而且为后世历代的统治者所效仿。但是，它在王公贵族、官僚地主大兴住宅园林建造之风面前却显得苍白无力。当时，随着经济和文化的繁荣，不论王公贵族还是官僚地主，都在都城内外及大城市中大规模兴建住宅园林，成为唐代居住建筑发展的一个重要方面。仅据《洛阳名园记》一书记载，唐贞观开元年间在东都洛阳建造的第宅园林就有上千处之多，大诗人白居易在《伤宅》一诗中对此进行了生动的描绘和深刻的揭露：

"谁家起甲第,朱门大道边。丰屋中栉比,高墙外四环。累累介七堂,栋宇相连延。一堂费百万,郁郁起青烟,洞房温且清,寒暑不能干,高堂虚且回,坐卧见南山。绕廊紫藤架,夹砌红药栏,攀枝摘樱桃,带花移牡丹……"然而,白居易毕竟是统治阶级的一员,他虽然对统治阶级大肆兴建豪华住宅和生活奢华无度感到不满,对社会上饥饿穷困的生活情形有所体察,但他本人的住宅也是屋宇相连,小桥流水,花红柳绿。白居易53岁时官罢杭州刺史后回到洛阳,买下了位于履道坊西北隅的已故散骑常侍杨凭的住宅为居。据他在《池上篇》所记:"十亩之宅,五亩之园,有水一池,有竹千竿……有堂有亭,有桥有船,有书有酒,有歌有弦……"1992年以来,考古学家在今洛阳市南郊狮子村一带对白居易故居进行了大规模的考古发掘,发现了白氏住宅的南园和北宅,其结构与文献记载大致吻合。被罢官后的白居易住宅尚且如此,那么,当时王公贵族大官僚的住宅园林及"周围十余里,台榭百余所"的庄园别墅,规模之大、建筑之豪华不难想见。

宋元时期的民居建筑形象

在中国古代建筑发展史上,宋代是一个非常重要的时期。这不仅表现在城市格局打破了汉唐以来的封闭的里坊制度,出现了形式复杂、秀丽灿烂的殿阁楼台,颁布了中国第一部建筑法规《营造法式》,传统园林因地制宜更密切地同自然环境结合等方面，而且民间居住建筑也随着农业的发展、城市的繁荣和市民生活的多样化，呈现出规划严整而又自然淡雅的时代风貌。流传至今的宋代绘画资料，向我们展现了当时民居建筑的种种形象。

王希孟的《千里江山图》中所绘的乡村住宅，大都用竹篱木栅围成一个院落，院落的正面建大门，而且不少住宅的大门内建有照壁。大门的形式多种多样，如不设任何建筑的豁口式大门、两立柱上架一横木的大门、带有屋盖的大门、外形似房屋的门屋等。房屋的配置是主要建筑沿中轴线布局，辅助房屋灵活布局。主体建筑采用前堂后室的传统布局方法，常见以穿廊连接前厅和后寝的工字屋，有的在工字屋两侧建左右厢房，有的则在前厅左右附建夹屋（即后世的耳房），还有的在工字屋前面庭院内建方亭，也有的在屋前或屋侧架设遮阳棚架。至于一些小型住宅，则是在院内随意建造长方形房屋或曲尺形房屋。房屋多为瓦葺，但也不乏茅草房，屋顶结构为歇山式和悬山式。这些住宅形象，在一定程度上反映了乡村农户及地主的居住情形（见图17）。

城市中的民居建筑，在《清明上河图》中有不少描绘。张择端的宋代风俗画《清明上河图》，描绘的是北宋京城汴梁（今河南开封市）及汴河两岸清明时节的风光，写实性很强，是了解12世纪中国城市生活的极其重要的形象资料。仅就画中的建筑而言，汴梁郊外的乡村住宅多较简陋，有些是墙身低矮的茅屋，有

图17 王希孟《千里江山图》中的宋代住宅形象

些是建有瓦房和茅舍的院落。与此形成鲜明的对照，汴京城内则是高大雄伟的城楼，飞跨河上的拱桥，纵横交错的街道，鳞次栉比的房屋住宅及茶坊、酒肆、脚店、肉铺、寺观等。住宅中既有平房，也有楼房，多为瓦顶，屋顶结构为悬山式和歇山式；山面的两厦及正面的引檐多用竹篷，也有的在屋顶上建天窗，转角屋屋顶往往将两条正脊延长而构成十字相交的两个气窗；梁架、栏杆、棂格、悬鱼、惹草等朴素而又灵活。小型住宅多使用长方形平面，中等住宅常常是外建门屋，院内四面配置房屋。至于宋代官僚贵族的第宅，据其他宋画可以看到，有的建乌头门，有的是建门屋而中央一间用"断砌造"以便车马出入。院落周围的回廊代之以廊屋,使居住面积增加,四合院的功能与形象也随之发生了变化。宋画中的民居建筑形象显示出,宋代的住宅布局紧凑而不呆板、灵活而又不失传统的原则,具有明显的时代特点。

辽、金都是宋代北方少数民族建立的政权。辽人契丹,兴起于辽西一带,本以穹庐为住居;金人女真,发源于松花江流域,本用穴居,但他们立国后南侵并入主中原,逐渐汉化,仿汉制建造城郭、井邑、馆舍、宫室。住居亦然,与宋代略同。

13世纪70年代蒙古族建立的元帝国统一了南北方,结束了长达400多年分裂割据和南北对峙的局面,使中国再次走向了统一。元朝是短命的,立国不足百年,但由于疆域的扩大,中西交通和贸易的发达,建筑上仍然取得了较大的成就。然而,居住建筑并没有大的发展。蒙古族传统的居住方式是蒙古包,立国之后,聚居于北方草原地区的蒙古人依然是以蒙古包为住居。对此,《马可·波罗行记》一书作了这样的描述:蒙古人结枝为垣,其形圆,高与人齐,承以椽,其端以木环节之,外覆以毡,并以马尾绳系之。门亦用毡,户永向南,顶开天窗,以通气吐炊烟。灶在中央,全家皆寓居此宅之内……可见,元朝的蒙古包与今日之蒙古包已相差无几。

当时的汉族地区仍然采用传统的居住方式,即使是居住在大都以及其他汉族地区的蒙古人,也都尽可能地采用汉制,使用汉族传统的居住建筑,只不过有些人在室内布置上保留某些本民族的习惯。这种情形,从元大都遗址的发掘中可以清楚地看到。元大都内的民居，是按照棋盘式街道的布局而建设的，分布在小街和胡同的两侧。住宅一般坐北朝南，冬天利于日照，夏天便于通风。在今北京市西城区后英房胡同曾发掘出一座大型居住址，东西宽近70米，由主院和跨院组成（见图18）。主院的正房建于台基之上，进深近14米，前有轩廊，后有抱厦，墙体下部以磨砖对缝法砌成，室内用方砖铺地，并安装有装饰华美的格子门；正房前面有东西厢房，院内留有供栽植花木的用地。跨院的正房为宋元时期常见的工字屋，即南、北房之间以柱廊相连。住居址中发现有各种瓷器、漆器、水晶和玛瑙制的珍玩、摆设，表明该住宅为官僚富豪之宅。在元大都中，不仅有这种结构严谨、房屋宽敞讲究的富豪大院，还有大量简陋的平民住房。如在今北京市106中学发掘的一处住居址，房屋墙体用碎砖砌

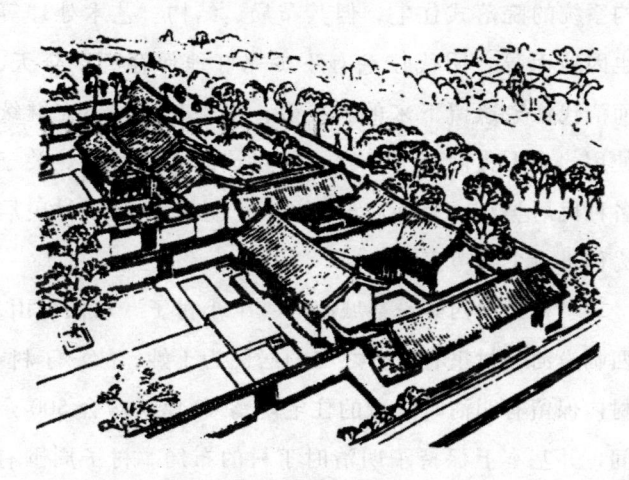

图18　北京后英房胡同出土的元代住宅复原图

成,室内地面比门口低40厘米,潮湿不堪;房内仅发现有一灶、一炕和一个石臼,显示出房屋居住者生活之贫困,同时也反映出当时住居的多种多样。

明清民居实例一则——丁村民居

明清500多年间,是中国封建专制统治从延续走向衰亡直至崩溃的时期,资本主义出现萌芽,帝国主义列强开始入侵中国。这一时期的建筑,仍沿着中国古代建筑的传统道路继续发展,取得了不少成就,成为中国古代建筑史上的最后一个高峰。同时,这一时期也是中国民居建筑的最后形成时期,因民族、地区、社会、政治、经济发展的不同,各地形成了各具民族和地方特色的民居建筑类型。即使是汉族的住宅,虽然除少数地区采用窑洞式建筑外,普遍采用木构架结构系统的院落式住宅,但其布局、结构、艺术处理等也因地而异。明代住宅有不少完好地保存到了今天,而清代住宅遗留下来的就更多,并且有很多还在继续使用,成为我们今天考察民居建筑的主要对象。关于各种民居类型,后面将分别介绍,这里仅以丁村民居为例进行个案考察。

丁村是山西襄汾县城南的一个小村子,东依塔山,西临汾河。村里有三分之二的居民为丁姓,故曰丁村。村内保留有明清时建造的住宅院落40座,房舍500余间,并基本上保持了明清时丁村的布局。村子周围有寨墙环绕,住宅以村中两组丁字形道路为经纬分四群布列。在现存的明清住宅中，有6座建于明万历年间（1573~1620年），其余建于清代。其规模之大、建筑之多、装修之巧、保存之完整，在中国北方地区是罕见的，1988年被国家确定为全国重点文物保护单位。

丁村住宅庭院的设置，沿袭了中国汉族传统的四合院布局，即门庑、倒座、东西厢房、正堂，但进数上因时代不同而有所变化。明代以单体四合院为主，天井宽敞，台阶踏步较低矮。如明万历二十一年（1593年）的一座单体四合院住宅，由正厅、厢房、倒座、门楼等部分组成，大门开在庭院的东南角，与门相对筑影壁，入大门后折向西行进入院内。到了清代，院落变窄，二进院成为主要程式，有的还在左右两侧建跨院，形成连体四合院建筑群。如建于乾隆十年（1745年）的11号院，沿中轴线自南而北依次为影壁、倒座（明间开大门）、前院、中厅、后院、后楼，前、后院东西两侧对称配置厢房。大门建有高大华丽的门楼，出大门向东设牌坊，与牌坊相对处设影壁。西厢房南北两侧及后院东厢房南侧辟门以通向东西两侧的跨院，可知11号院是一处由多座四合院组成的四合院建筑群。这种连体四合院的建造，是与当时家族支脉繁衍、人口增多、在宗族观念支配下多世同堂的大家庭生活相适应而形成的（见图19）。

明清时期房屋建筑的基本结构和格调大致相同，都为抬梁式构架。明代以悬山式为主，清代多为硬山；房顶用瓦铺装，檐口置瓦当、滴水。厅堂一般高大气派，明代为"三间两跨"（即厅堂两端各添建一跨

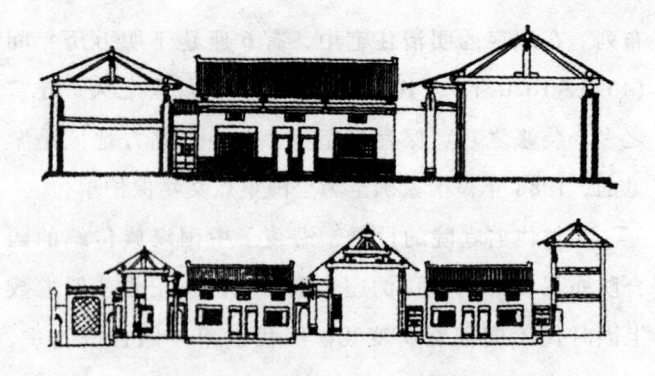

图 19 山西襄汾丁村明代住宅（上）、
清代住宅（下）纵剖面图

间），清末出现"明三暗五"（即外观似为3间，室内实际是5间）的格局。厅堂内一种是"彻上明造"，给人以高大辉煌之感；一种是楼阁式，即以隔扇门上槛为界将厅堂上下一分为二。厅堂前廊建筑考究，在其檐枋花板雀替等处饰以彩绘或精美的木雕图案，庄重而典雅。

后楼之设始于清代，因为在二进四合院中，前后两院之间的中厅往往建得高大，而汉族以北为上的习俗又要求主体建筑必须高领全局，位于后院正厅位置的建筑物必须高于中厅，后楼便应运而生。后楼的结构，一般是楼内架设二层楼板，前面开窗，后面封闭，形态修长。饶有趣味的是，丁村居民虽然在观念上以北为上，但与一些地区喜住北房的习惯不同，不把厅堂及后楼作为居室，而是把厅堂作为供奉神祇和婚丧嫁娶时宴请宾客的场所，把后楼用作库房，形成丁村民居独有的地方特色。

丁村居民的主要寝卧起居生活空间是东西厢房。厢房均为面阔3间、明间居中作隔墙将3间分隔成2室的"三间二室"楼阁式建筑，楼上用于储物，楼下住人，楼口设在前墙与山墙的夹角处，以悬梯上下。房门开在各自临隔墙一侧，门与隔墙间砌出供猫出入的"猫道"。室内依山墙筑火炕，约占室内面积的三分之二。靠后墙设灶台与火炕相连，烟火通过烟道巡贯全炕再自设于墙角的竖洞式烟道排出。设壁龛之风盛行，山墙皆设大壁龛以储被褥，平时悬挂帘幔遮挡；灶台上方亦设壁龛，以供奉灶君、财神并放置碗筷等食具；火炕前壁下开"鞋窑"和"便盆窑"，门后墙上设"灯盏窑"。

丁村民居的门窗也颇具特色。院门和家门都是木板门，明代尚素，华丽者不过镶两只铙钹状铺首衔环，或者数排梅花铁皮帽钉。清代则更加注重装饰，如在大门厚重的木板上包以铁皮，表面镶钉乳头盖钉，多者可达大钉220枚、小钉3500枚；在二门门板上镶以各式各样的铁页裁成的图案花纹，如福禄寿、博古图、卷云纹、连续万字纹等（见图20）。在明代，与"三间二室"相呼应，厢房的门盛行一种"单框双门式"连体门，即将两个居室的门框合成一个方框，内分两门。厅堂的正面均安格扇门，每间六抹，三间计18扇，格心花纹常见六出梅花、几何形格子花纹等。厢房的窗户多采用唐宋以来的直棂窗，只是为了牢固而加两根横穿。

丁村民居的地方特色还突出地表现在建筑装饰方

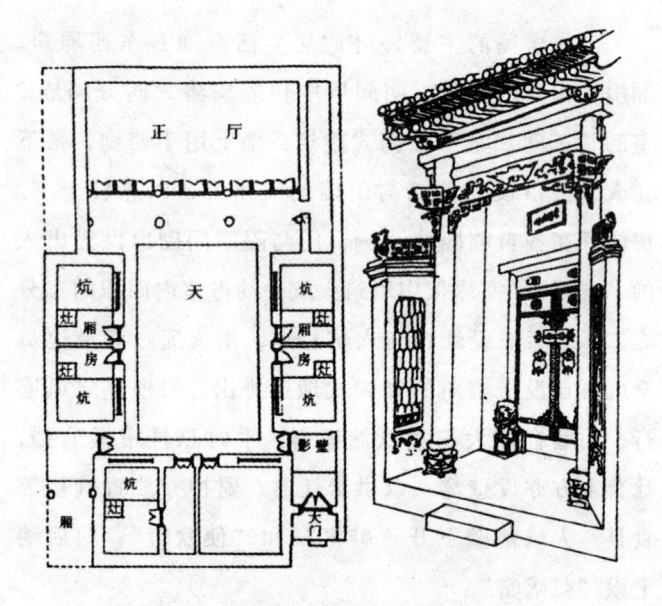

图20 山西襄汾丁村明代住宅平面（左）与
清代住宅门楼（右）

面。梁枋是装饰的重点，尤其是在厅堂的檐枋花板、雀替、斗拱及厅内梁架等部位，更是刻意求精。在明代，这些部位的装饰除斗拱和耍头外，均以彩绘来表现，即以灰、白、黄、蓝为基本色调绘出缠枝莲花、菊、花鸟及较规矩的龟背纹图案；斗拱则雕以海马流云、喜鹊闹梅、双狮舞球等图案。木雕风格因时代不同而有所变化，明末一般为单层浮雕，粗犷简朴，刻工流畅，概括力强，如凤凰牡丹图，构图匀称自如；清代前期以镂空技法为主，多者可达数层，繁密细腻，呈现出多层次的立体感，图案常见跑竹马、放风筝、跑驴、狮子舞、大头和尚戏柳翠、司马光破缸救友、和合二仙、驯狮、三羊开泰、天官赐福，以及表现忠孝节义的宁武关、岳母刺字和表现古代生活的八仙庆寿、渔樵耕读、琴棋书画等内容；到了清代后期，木雕多采用浅浮雕，图案以几何形结构和方折的草龙纹为主，显得呆板而缺乏生气。

丁村民居建筑的另一个重要方面是石作艺术。丁村民居建筑门多、柱多、台阶多的特色，使得建筑石构件的加工和装饰丰富多彩，不论门砧石、柱础石还是踏石都刻意装饰。厅堂和门廊的柱础石多精雕细刻，如廊柱的柱础用卧鼓加六角须弥座，座台四角雕出四对小狮子，形态生动，活泼可爱，鼓的四周还线刻出福寿海马之类的图案。大门和二门的门砧石，一般是外侧雕石狮，内侧作成平台，在平台的外露部分雕出图案。厢房的门砧石形体较小，但在其外露平面部位都精细地雕刻出金钱太平、松竹梅兰、马、鹿、驴等之类的图案花纹。踏石的正面常常雕刻出猫蝶图、喜禄封侯、三羊开泰、连中三元、五福捧寿、九鹿图等各种内容的图案。丁村民居的各种建筑装饰同建筑结构、住宅布局有机地结合在一起，成为一个完整而富有特色的整体，从一个侧面反映了明清时期北方民居建筑的风貌。

三　北方民居建筑掠影

这里所说的北方，大致是指黄河流域及其以北地区，即秦岭—淮河一线以北的华北、西北及东北地区。在这片土地上繁衍生息的汉族及蒙古族、朝鲜族、回族、维吾尔族等 20 多个民族，在漫长的生产和生活实践中，与当地的自然环境和各自的经济生活相适应，创造了丰富多彩的民居建筑。

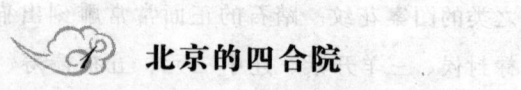

北京的四合院

谈到北京的文物古迹，人们不仅会想到那雄伟的天安门、金碧辉煌的故宫、高大巍峨的白塔，还会想到那坐落在京城大街小巷中的四合院住宅建筑。

所谓四合院，又称四合房，是指住宅四周绕以房屋形成左右对称、矩形中庭的封闭式院落的传统住宅建筑，是中国汉族居民传统住宅的典型形式。四合院式建筑，在中国有着悠久的历史，其形成至少已有三千多年。早在商代晚期，就出现了用几座房屋围绕成一个庭院的建筑组合。到了西周初年，便已形成了布局严格的四合院式建筑，如陕西省周原发现的凤雏建筑基址。周代以后，四合院式建筑逐步成为汉族主要的住宅形式。北京作为明清时期的都城，传统住宅建筑获得了高度发展，形成了结构严谨、布局规范、颇具京城韵味的四合院住宅，是中国汉族传统住宅、尤其是北方民居的代表。

北京的四合院，严格按照沿南北中轴线对称的原则布置房屋和组织院落，住宅四周由各座房屋的后墙及围墙所环绕，形成一个封闭的生活空间。常见的中小型四合院一般由大门、影壁、倒座、二门、东西厢房、正房、罩房及三进院落组成（见图21），大型住宅则沿纵深方向排列两个以上的四合院，或在左右建别院，还有的在左右侧或后部建成花园，形成一组四合院建筑群。住宅的大门多设在东南角，寓以"山泽

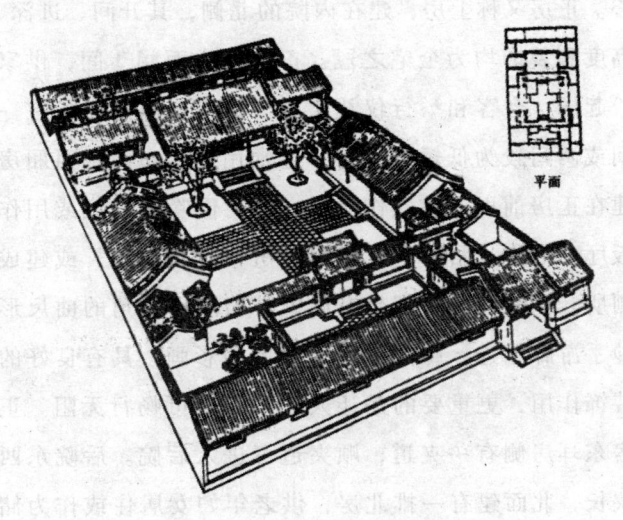

平面

图21 北京四合院平面及鸟瞰

通气"、"紫气东来"之意。大门门框下设门鼓,门侧墙壁多用砖雕装饰。跨进大门,迎面见到的是影壁,其墙面多以砖浮雕装饰,并在正中书写吉庆文字,影壁前常摆设盆景花卉。影壁之设,是为了遮挡街道上过往行人的视线,使得住宅内更加隐蔽、安静。进大门西折,进入东西狭长的前院,其南侧是一排坐南朝北的房屋,称为"倒座",通常用作客房、书塾、杂用间或男仆的住处;其北侧中轴线上设"二门"。二门一般装饰华丽,门楼下往往垂吊两个垂花柱,故二门又被称为"垂花门"。经垂花门前行便进入内院。内院由正房、厢房、垂花门及花墙环绕而成,面积较大,宽敞豁亮,既是交通、采光、通风的枢纽,又是全宅的核心部分。院内用砖墁出甬路,并种植花木或陈设盆景花卉,形成宁静雅致的环境,为家庭室外活动的中心。正房又称上房,建在内院的北侧,其开间、进深、高度和装饰均为全宅之冠。正房通常面阔3间,供家长起居、会客和举行仪礼之用。正房东西两侧各有一间或两间较为低矮的耳房,通常用作寝室。东西厢房建在正房前面左右,作对称布局,供晚辈居住或用作饭厅、书房,厢房南北侧的耳房常用作厨房,或建成厕所。正房和厢房都带有前廊,与院子四角的曲尺形抄手游廊相连,廊内梁枋有简单的彩画,具有良好的装饰作用,更重要的是让人在雨天也可畅行无阻。正房东耳房侧有一夹道,顺夹道可进入后院。后院东西狭长,北面建有一排北房,供老年妇女居住或作为储藏物品的库房。从大门到后院,整个住宅封闭中蕴含着开放，有分隔又相互通联；屋宇高低错落有致，主次分明。

北京四合院设计和建筑技术都是相当成熟的，不论平面布局、建筑结构，还是色彩处理，都充分考虑到了当地的自然环境、人文环境和生活需要。房屋结构为抬梁式构架，山墙和后墙是很厚的砖砌墙或土坯墙；前墙上部开窗，下部为坎墙。屋顶式样以硬山式为主，有些次要房屋用平顶或单坡顶，但无论哪种房顶，其苫背都极厚，上铺阴阳瓦。室内用方砖墁地，并在屋内设暖炕。内院呈南北长方形，比例大小适中，冬天日照可射入正房和厢房。正房多用支摘窗和格扇门，使整面阳光透入室内。这些都适应了在北方冬季寒冷干燥的气候下生活的需要。在色彩处理上，大面积的青灰色墙面和屋顶，红绿色的梁柱和门窗，与宅门、垂花门、廊道及正房的彩画交相辉映，加上宅门、影壁、屋脊等砖面上的各种雕饰，丽而不艳，华而不俗，充满了浓郁的生活气息。同时，在明清北京城内，铺装黄色琉璃瓦、红色墙柱、雕龙画凤的宫殿建筑和琉璃瓦、朱红门墙、金色装饰的贵族府第，在大片灰色住宅的衬托下显得更加金碧辉煌，庄严富丽，使整个京城内的建筑既重点突出，又浑然一体。

北京四合院这种以木构架房屋为单体、在南北中轴线上建正房和正厅、正房前面左右对称建东西厢房以组成院落的住宅，作为中国传统住宅的最主要的形式，不仅为汉族居民所使用，而且还为满族、白族等少数民族所喜爱，遍布全国城镇乡村，但它们在院落的大小形制、房屋形体、建筑装饰、色彩运用及房屋使用等方面有诸多差异。就北方地区而言，东北地区庭院开阔，而陕西、山西的庭院则窄长；辽西到河北一带房屋一般不起脊，尺度小；山西不少地方高墙重楼；东北地区常将大门建在中轴线上等。然而，它们的布局原则、设计思想和建筑意匠基本相同，如：以北为上；正房的间数为奇数，而且明间宽于次间，门开于明间，以突出中轴线；正房和正厅无论在尺度、用料、装修的精致程度上都大于和优于其他房屋；房屋结构多采用抬梁式木构架，等等。北京的四合院作为明清都城中的民居，结构严谨、布局规范、建筑合理，可谓中国北方四合院式住宅的代表。

长白山下朝鲜族民居

长白山下，鸭绿江边，是中国朝鲜族同胞聚居的地方。这里山峦起伏，林木繁茂，不仅盛产稻谷林果，而且是"关东三宝"——人参、貂皮、鹿茸的著名产地。勤劳智慧的朝鲜族居民，在这块土地上创造了独具特色的民族文化，如优美动人的歌舞、活泼欢快的荡秋千和跳板运动、洁白艳丽的民族服装，都使人耳目一新，而那别具一格的民族住宅建筑也具有浓郁的民族风情。

朝鲜族聚居的村镇，或建在山坡之阳靠近道路、交通方便的地方，或建在河流旁高爽的地方。远远望去，那一根根高高耸立的烟囱、灰色的屋顶、洁白的墙壁，掩映在青山绿树之间。走进村庄，见不到用院墙围起的院落，只看见大路小道间有一片片空地，空地间有一幢幢房屋。房屋一般沿道路而建，没有统一的朝向，房屋的布置也因宅而异。房屋前后都可以出入，房前屋后有面积大致相同的空地，或辟为菜圃，或为平整的场地，成为住宅的"院子"。灰屋顶，白墙壁，高烟囱，无院墙，是朝鲜族住宅最明显的外部特征。

正因为朝鲜族住宅不设院墙，又不设厢房，因而一幢独立的房屋就是一个"家"，房屋的平面形制和布局也就多种多样。房屋的平面形状主要有矩形房、拐角房和"凹"字形房3种。拐角房又可称为曲尺形房，是在长方形房屋的一侧凸出一间，布局灵活，尺度大小不受限制，往往因实际需要而定。"凹"字形房是由两个拐角房组合而成，多见于农村。平面作长方形的矩形房数量最多，遍布城镇和乡村，是朝鲜族房屋的基本形制。大部分房屋都带有廊子，按照廊子的不同，可把房屋分成中廊房、偏廊房和全廊房3种。一幢房屋中部的房间带廊子，布置成左右对称的形式，称为中廊房；一幢房屋左端或右端的房间带廊，就是偏廊房（见图22）；全廊房则是在房屋的前面或后面全部设通廊。中廊房和偏廊房设廊的房间用于住人，全廊房一般仅在住人的房间设廊板。廊子不是通地而设，而是在廊下距台基面约40厘米的高度架设木板构成廊板。其结构是在廊柱之间自柱础石以上设方形横梁，再在横梁上铺木板，既可通风，又可防潮。房屋设带

图 22　朝鲜族偏廊房

廊板的廊子,是与房屋内部的布置及人们的生活习惯紧密联系在一起的。朝鲜族房屋居室内全部是火炕,进屋就要脱鞋,因此需要有脱鞋的地方,特别是雨雪天气,设有廊子可避免将泥土带进屋内,保持室内清洁。同时,夏天人们可在廊下乘凉、休息。廊下还是放置物什的好地方,走进朝鲜族居民的住宅,常常可以看到廊下挂着一串串红辣椒和一辫辫大蒜,可谓朝鲜族民居的一景。与汉族房屋颇为不同的是,房屋开间不讲究奇数,一般是4～6间不等,且以4间者居多,当地老乡称之为"四栋房八间屋",因为房屋内部分隔成若干空间。

房屋内部空间的分隔无一定之规,而是按实际生活需要分隔成若干房间。一般说来,房屋内部自左而右(按北房说即自西而东)依次划分成居室、厨房、草房及牛棚等部分,各部分之间用轻体墙隔开。居室占据了房屋的大部分,是人们的主要活动空间,昼间用作起居室,晚间用作寝室。室内全部设炕,进屋就要上炕，犹如日本和式住宅，进门就是榻榻米一样。火炕比室外地面高30～50厘米，比房前廊板面又低20厘米左右，所以进屋可以说是"登廊板下炕面"。炕面抹白灰，表面再裱糊高丽纸和油纸，平整光亮。炕下通烟火，在寒冷的冬季，颇感舒暖。在靠近墙壁处设壁橱，衣被及所有零用物品放置其中，使室内整洁雅致。居室部分用轻体间隔墙和推拉门分隔成若干小间，大者10多平方米，小者5平方米左右，供男女老幼分别居住。把推拉门全部打开可形成一个大房间，富于变化而又比较灵活。室内家具，最为常用的是矮体炕桌。厨房邻居室而设，一般位于房屋的中部，占用一间屋的面积。锅台与火炕高度相等，表面连为一体，铁锅固定安放在锅台上。厨房的右侧是草房，一般占用一间房屋，不设炕，用于放置杂物、生活用具的同时，主要存放燃火用的柴薪，故有"草房"之称。朝鲜族农业居民住宅的重要组成部分之一是牛棚，因为耕种水田必须饲养耕牛，养牛就要有牛棚。牛棚设置在草房的旁侧或前端，也有的将牛棚和草房设置在同一房间内。牛棚和居室设在同一幢房屋内，牛粪气味直冲居室内，应当是很不卫生的，但习惯成自然，所以一直延续了下来。

朝鲜族民居的房屋建筑既受到了汉族房屋建筑的影响，又具有本民族的特点。如墙体内填充沙子的木骨夹心墙，以立柱支承纵横梁木，在脊部设立柱支承脊檩而形成四面坡屋顶的木构架，草房顶上罩以草绳方格网，门窗不分、可以互用等特点，都是在其他地区所少见的。设火炕，普遍见于东北地区汉、满、蒙等民族的住宅中，而且至少已有 2400 多年的历史，但室内通室设炕则为朝鲜族住宅的一大特点。尤其是房屋一端直立的木板烟囱高出屋脊，更是朝鲜族民居之一景。

朝鲜族住宅屋顶坡度和缓，屋身平矮，没有陡峻的感觉，但门窗窄长，使平矮的屋身又有高起之势。房屋的外墙粉刷白灰，墙面洁白。木柱木门木色外露，再以灰黄色草顶和灰色瓦面相衬，朴素而淡雅。草顶房的四坡水式坡顶，铺装厚厚的稻草，式样美观而大方。瓦顶房做成歇山式，坡面有柔软的曲线，檐端四角和屋脊两端向上翘起，垂脊和角脊端部高昂起翘而形成曲线，房檐铺装高粱花瓣纹的勾头瓦当，使得整个房屋稳重之中又有飘逸之感。无论草顶房还是瓦顶房都有较长的出檐，屋檐下形成深色的阴影，再加上廊子的凹进，使整个建筑具有鲜明的立体感。

北方草原蒙古包

在中国北方，有着美丽辽阔的呼伦贝尔草原和科尔沁草原。草原上那众多的河川、密布的湖泊、丰满的水草，使千里草原成为畜牧牛羊的天然牧场。"天苍苍，野茫茫，风吹草低见牛羊……"这《敕勒歌》中的名句，十分形象地描绘了北方草原的风貌。几千年来，被称为"马背上的民族"的北方游牧民族，驰骋在一望无际的草原上，放牧牛羊，逐水草而居，创造了形式独特的住居——蒙古包，成为草原游牧民族住房的代表。

蒙古族先民最初是居住在"皮棚"中的。当时，他们在森林中以狩猎为生，将兽皮覆盖在树杈上或是木头架子上搭成皮棚，作为住居。公元7世纪前后，蒙古部落走出了世代生息的额尔古纳河流域的原始森林，来到了广阔的草原上，从狩猎转向了畜牧，随之脱离了皮棚，住起了蒙古包。蒙古包又叫毡包，是一种圆顶的羊毛毡房。毡包，在古代汉语典籍中称作"穹庐"、"庐帐"等，俗语则称作"毡帐"、"帐幕"等；蒙古语称作"格尔"（房屋），经常移动的称作"乌尔古格尔"，固定的叫做"托古尔格尔"；"蒙古包"之称始于清代。满族把家叫做"博"，把蒙古族的住房称作"蒙古博"，"博"和"包"谐音，因而用汉字来表达时取其音和形，称作"蒙古包"。

毡包，至少已有2000多年的历史。河北平山县战国中山国墓葬中出土了青铜伞状帐幕构件，战国文物的图案中也可见到毡包的形象。据文献记载，战国秦汉时期，"匈奴父子乃同穹庐而卧……人食畜肉，饮其汁，衣其皮，畜食草饮水，随时转移"（见《史记·匈奴列传》）。汉代以后，毡帐式住居在北方草原民族中流行起来，乌桓人、契丹人、女真人无不以毡帐为居。13世纪以后，随着蒙古族的壮大和元帝国的建立，蒙古包有了进一步的发展。到了明清时期，北方草原上各式各样的蒙古包更是处处可见。

蒙古包伴随着蒙古族人民在草原上劳动生息，蒙古族人民用歌声表达了对蒙古包的深情。大草原上流传着一首民歌：

> 因为仿造蓝天的样子，
> 才是圆形的包顶；
> 因为仿造白云的颜色，
> 才用羊毛毡制成。
> 这就是穹庐——
> 我们蒙古人的家庭。
> 因为模拟苍天的形体，
> 天窗才是太阳的象征；
> 因为模拟天体的星座，
> 吊灯才是月亮的圆形。
> 这就是穹庐——
> 我们蒙古人的家庭。

这首民歌形象地描述了蒙古包的基本形体和结构（见图23）。一般的蒙古包，高不过3米，直径4~12米不等。包的周壁围以用木条编成的高约1.5米、宽约2米的菱形网眼的栅壁，蒙古语谓之"哈那"。包的大小取决于使用哈那的多少。普通小包只用4扇哈那，通称"四合包"，小巧轻便，宜于放牧时搭建。大包可达12扇哈那。包顶中央是一个直径1米左右的用作天窗的圆形木框，用木条做成的椽木两端分别绑扎在木框和栅壁顶端，构成伞形木骨架。一般的蒙古包天窗圆框无需支撑，但高大的蒙古包有时用独柱伞骨支撑，

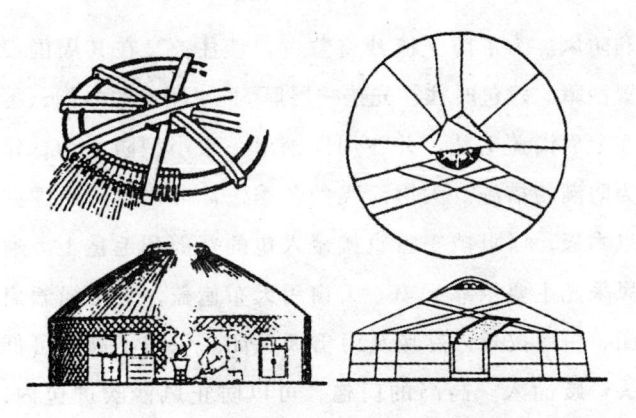

图23 蒙古包顶部构造（左上）、顶部平面（右上）、
剖面（左下）、外观（右下）

有时用四柱支撑。包顶和周壁都覆以羊毛毡，再用绳索将毛毡捆好，以防止风把毛毡刮起。包顶是圆形天窗，包门向南或向东南。包内中央一般设有供炊煮和取暖用的火架子（蒙古语称为"陶拉克"）或炉灶，烟筒从包顶中央伸出。包内地面上铺羊毛毡，包门和火架子近旁铺牛皮，火架子周围便是人们起居坐卧之处。

蒙古族居民注重礼数，包内家具的陈设和铺位的使用都颇讲究。包内周围靠周壁放置柜、箱、橱等家具，进包内右侧是放置炊事用具的地方，有的把炉灶设在进门右侧，而在包内中央置矩形矮桌。蒙古族以西为上，以右为尊，包内分区也是如此。包内右侧是男子席，左侧是妇人席，正面为长者客人席和供奉神像处。进入蒙古包要脱鞋，进门时要左手掀帘而进，在包内席地而坐。

蒙古包的搭建地点一般选择山前或低洼之地，以利防风。为了防止流沙将蒙古包埋住，又在其周围设置沙障。建包时往往先垫一层厚3~4厘米的牛粪，再在上面铺盖毛毡，并在周围挖出一条小型防水沟，作为防潮的措施。大雪纷飞的冬季，常常在包的周围立以木板，以阻挡霜雪直接侵入包的基部和毛毡上。通风采光主要依靠天窗。天窗用天布遮盖，并用绳索启闭，白昼拉开，夜晚及雨雪天关闭。包门不高，可低头弯腰而入。高高的门槛，可以防止风沙吹进包内，以保持包内的清洁。包门常见有两种：一种是内为板门，外为毡帘；一种是内外两扇板门，里门向里开，外门向外开。蒙古包的圆形结构，可减少对风的阻力并增加其刚性，能较好地抵御风沙的侵袭。

从建筑艺术上说，蒙古包那圆润的外观造型，洁白的色彩，在蓝天白云和绿色草原之间，显得分外美丽；而包外白毡上捆扎用的棕色驼毛绳，使其线条整洁分明，具有较好的艺术效果。蒙古族居民还用色彩和图案装饰蒙古包，美化居住环境。在包内，仰看可见漆成紫红色和蓝色的椽木，周围是红、蓝色的栅壁和各色家具，地上铺着色彩绚丽、图案优美的地毡，人们处在暖色调的氛围之中，感到温馨和舒适。包门是装饰的重点之一，一般漆成各种颜色，并在上面描绘出花瓶、飞马、凤凰等吉祥图案。覆盖在包顶最外层的毛毡，常常按包顶圆锥体的形状做成中间有一圆孔、周边多角的形状，其上绣出双龙戏珠、蝙蝠、蝴蝶、聚宝盆及其他吉庆图案，在茫茫草原上非常醒目。

一个蒙古包一般只供一夫一妻及其子女居住。新婚夫妇要建新包，有的是作为嫁妆由新娘的父母陪送。经济宽裕和人口多的家庭，一家往往有几个包，多者甚至十几个。凡是一家有两个以上蒙古包的家庭，都是家长居住在最西侧的包内。蒙古包周围或用木棒围成篱笆，或用勒勒车围成院落。仓库设在院内，畜圈多设在院外。如果蒙古包与汉式房屋混合使用，则为夏居房屋，冬住蒙古包。

同其他民族的住居一样，蒙古族的住居也随着社会的进步而不断变化。固定式蒙古包逐渐增多，有些半农半牧地区开始建造汉式房屋，但本民族的特色依然保留了下来。如吉林西部的"马架房"，平面近方形，顶部建成椭圆形，居住其中仍有住在蒙古包中的感觉；开设西窗，在西窗上部的墙上供奉祖先和神灵，以及在屋顶或墙头上插上绘有马的旗子等，都是民族习惯的反映。

4 西北边陲维吾尔族民居

中国新疆，地处欧亚大陆腹地，地域辽阔，远离海洋，气候干燥，是古代中西交通的通道。那里有巍巍阿尔泰山、天山、昆仑山及著名的帕米尔高原，高山环绕准噶尔盆地和塔里木盆地，以及中国最大的塔克拉玛干沙漠和古尔班通古特沙漠。高山冰川上的雪水融汇成条条内流河，或流失于沙漠，或积水成咸湖。河水流经之地形成一片片绿洲，成为人们劳动生息的地方。居住在这里的维吾尔族居民，创造了历史悠久、风格独特的民居建筑；而辽阔的地域，自然环境和社会生活的差异，使各地民居建筑又各有其地方特点，呈现出独特而多彩的民居建筑风貌。在新疆维吾尔族民居建筑中，最具特色的是以喀什、和田一带民居为代表的南疆民居和以吐鲁番一带民居为代表的东疆民居。

南疆民居，在喀什尤为发达。这里地处塔里木盆地西南、喀什噶尔三角洲上部，地下水丰富，自然条件优越，长期以来是南疆政治、经济、文化中心和交通枢纽，被誉为"古丝绸之路上的明珠"。这里的民居建筑，是所谓的"阿以旺"住宅（见图24）。房屋为土木结构，多为一层或两层的平顶房，底层设有地窖或地下室。墙体厚重，用土坯或砖垒砌而成。房顶以密布的枋木（又称棱木）构成密肋，上覆以泥土做成平顶。布局上不讲究对称与统一，而是以平房和楼房相互穿插，依地形组合成院落，建筑形体错落多变，平面和空间组织紧凑而又自由灵活。其基本组合是以冬室和夏室相结合，附以厨房、马厩等。夏室即前室，

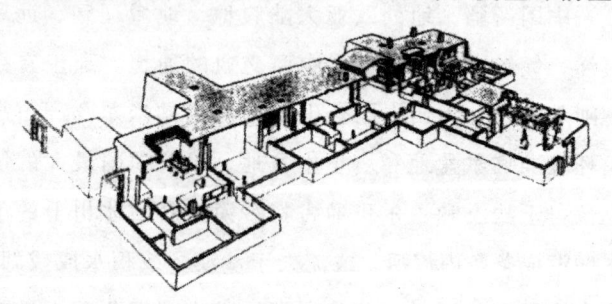

图24 维吾尔族"阿以旺"住宅透视

又称"阿以旺",带有天窗,供起居、会客之用;冬室即后室,在夏室后部,不设窗,即使白天也暗淡少光,冬暖夏凉,用作寝室,席地而卧。天窗独具特色,一般高出屋顶40～80厘米,既可通风,又可采光。室内满铺地毯,席地而坐;除了各家必备的矮炕桌外,很少用其他家具。壁炉和壁龛别具特色。壁炉设于客室和居室,造型美观,平时用来做饭、烧茶水,冬天兼作取暖。壁龛形状各异,大小不等。一般在西墙上设一个尖拱形的大壁龛,放置被褥箱笼等物,外挂色彩华丽的帷帘。其他壁面的壁龛安排匀称有序,龛顶常作四圆心曲券,并镶有花边,深一般25厘米左右,放置花瓶、酒具及日用杂物等。室内房顶满雕图案花纹的棱木、四周饰有卷草及花卉的墙壁和饰有石膏花饰的壁龛、地下图案华丽的大片地毯,使室内富丽堂皇,熠熠生辉。为了防止风沙,外侧很少开窗。窗子均开向前廊,窗台较矮,窗口外小里大,形制竖长。房前均建外廊,多建成列拱列柱形式,空间敞开。廊下设地炕,铺以草席、地毯或毛毡,以供坐卧,是家人劳作、生活乃至夏季睡眠的地方。列柱及列柱间的列拱均饰以彩绘,柱头、柱脚饰以精致的木雕和石膏花饰,色彩鲜艳动人。廊前庭院一般不大,常种植花草果木,美化居住环境。庭院的一侧开一矮小的门,是诸如住宅的通道。整个住宅外表毫无装饰。远望维吾尔族聚居的地方,只见到高低错落、方方正正的土坯泥墙平顶房屋;当跨进大门进入院内,则是另一番天地;进到室内,就更加感觉到维吾尔族民居那动人的魅力。

朴实无华的外观，华美怡人的内部陈设和装饰，或许正是南疆维吾尔族居住文化的独到之处。

吐鲁番一带的东疆民居，是颇具地方特色的土拱住宅。吐鲁番地处天山南麓的吐鲁番盆地中部，历史上曾为西域政治中心和交通要冲。这里长年干旱少雨，春天"下土"之日，漫漫黄土遮天蔽日；夏季烈日炎炎，素有"火洲"之称。土拱住宅就是适应这种自然环境、利用当地黏结性强且易于脱水成型的泥土资源发展起来的。

根据高昌故城和交河故城的考古发现可知，土拱住宅早在汉魏时期已经形成，并一直延续了下来。其突出特点是：厚实的土墙，土拱式屋顶，大而显要的公共空间。当地人常说的"挖地为院，隔垄为墙，挖穴成屋"，从一个侧面反映了这种住宅的建造特点。土拱住宅离不开土墙，土墙或夯筑，或用土坯垒砌，或在生土上挖成。房屋建筑有土拱平房和土拱木结构平顶楼房两种。土木楼房的一层（有的为半地下式）为土拱平顶，拱顶上再建楼层。楼层房顶先架木椽条，再铺苇席并覆以干土作保温层，然后涂以草泥构成屋面。楼层上设有大小不一的前廊（见图25）。土拱不仅用作房屋建筑，而且有的大跨度土拱上面是院落，供居民乘凉；下面是道路，路人可以免受烈日之苦。

公共空间为每宅必备，面积大而显要。这个公共空间过去是住宅中央一间又高又大的中心房间，起居室、库房及其他附属房屋都建在其周围。后来，中心房间演化成高大的凉棚，现在的凉棚多已为葡萄架所

图 25　维吾尔族土拱住宅庭院内景

取代。其上部搭建有天棚或搭架种植葡萄的庭院，是夏日生活起居的重要场所，有的还把流水引入庭院，有的则在院内设炕床，在葡萄架下饮茶、用餐、会见客人。院落多做成封闭式，内部自由布置房屋，但分隔庭院空间的围墙往往用土坯垒砌成透空花墙，以利夏季通风。大门多为圆拱形顶。房屋布局以前室和后室相结合，附以厨房、马厩等。居室一般不开侧窗，只开前窗或天窗。室内布置有维吾尔族传统的地炕、灶台，墙上设有壁龛。室内外装饰简单朴素，一般在门框施加雕刻，墙面多用木模印上图案花纹。葡萄是吐鲁番的名产，不仅庭院中、街道上架有葡萄架，而且土墙上印有串串葡萄图案，柱头上刻有晶莹欲滴的葡萄，与真葡萄相映成趣，可谓当地一景。

　　新疆各地的维吾尔族民居尽管各有地方特色，但共同的民族风格更为突出。房屋为土坯平顶，以前室和后室相结合。布局不讲究对称统一，自由而灵活。

依地形高低布置，建筑形体错落多变。为防止风沙而不开外侧窗，多用天窗通风采光。房前多设外廊，多边形廊柱，柱头形式多样，精雕细刻，装饰华美。建筑装饰精于内而疏于外，形成简朴的外观和华丽的内部生活空间。喜用各式壁龛盛放日用物品，少用家具。装饰流行石膏花饰、雕刻和彩绘。维吾尔族人信奉伊斯兰教，绿色为常用的装饰色彩。大量使用各种图案华丽的地毯，以与席地坐卧的生活习惯相适应。村镇傍水源而建，民宅沿水渠而建，道路与水渠平行或交叉，有的家庭还把水流引入院内，形成良好的生活环境。

黄土地带的窑洞

窑洞，是中国黄土高原的"特产"。在中国西北和华北，横跨陕、甘、宁、青、内蒙古、晋、豫七省区大部或一部的黄土高原，是世界著名的大面积黄土覆盖的高原，是中华民族的发祥地之一。黄土高原由西北向东南倾斜，海拔多在1000~2000米。黄土高原上除了有许多石质山地外，大部分是连续延展分布、层层堆积起来的黄土，黄土层最厚处达200余米。由于千百万年风雨的侵蚀和流水的冲刷，逐渐形成了千沟万壑、地形支离破碎、沟塬梁峁交叉纵横的特殊自然景观。由多种矿物粉砂和黏土颗粒构成的黄土层构造，质地均匀，节理垂直，具有良好的抗压与抗剪强度，二三十米高的土崖峭壁仍能矗立，黄土在压缩和干燥状态下能够变硬结固。人们正是利用了黄土的这些特性,开挖横穴作为住居,形成了独具特色的窑洞民居。

所谓窑洞,是指在天然或人工形成的土崖上掏挖横向洞穴而成的住居。窑洞顶为拱形,窑口(洞口周边)常用砖或土坯包砌,形成券边。洞口用砖或土坯封堵构成前墙,墙上设门窗及通气窗。券顶和四壁或保留生土面,或用草拌泥、麻刀白灰抹面。洞内地面一般夯实压光,也有的铺砖。洞内有的在壁上挖出壁龛,以盛放日用杂品。窑脸(用以挖凿窑洞的崖面)多涂以草拌泥,有的保留生土面,也有的用砖贴面,还有的在窑脸顶部用砖砌出窑檐。窑内一般靠窗口设火炕,在炕上进餐、会客,兼作厨房的窑洞则依炕设灶。通风采光靠门窗,取暖用火炕,烟囱一般设在洞前靠窗一侧。家具陈设中炕桌最常见,再配以箱柜桌椅。窑体一般为直筒形,但也有外大内小的敞口窑和外小内大的锁口窑;一般是单体窑,但也有一明一暗的双孔并联窑和一明两暗的三孔并联窑,还有的在窑内再掏挖出一个小的空间作为仓室。有的地方将窑洞建成上下两层,上层窑俗称"高窑子"或"天窑"。上下窑之间的联系,有的在窑外设踏步或木梯,有的在窑内设木梯以供上下。还有的在窑洞顶上再建土木房屋。窑洞外为院落,由窑洞、崖壁及院墙围成,平面形制多样,大小不一。院内一面或多面建窑,分别用作居室、厨房、仓库、厕所及畜圈等,也有的在院内建土木房屋,与窑洞配合使用。院门一般设在阴面一侧，有的是敞开的坑道式，有的为拱顶甬道式，也有的建有门楼。庭院内栽植花草树木。院落的组合常见一户一院的独立式，也有毗邻式和胡同式。为防止雨水对窑顶的冲刷和渗漏，窑顶土地不进行耕种，而是压光碾平，或为草皮地面，或用作晒谷场，或辟作乡间小路。陇东民谣"我家住着无瓦房，冬天暖和夏天凉"，高度概括了窑洞民居的基本特点。辽阔的黄土高原，各地不同的自然环境、地形地貌及黄土结构特征，使窑洞民居在建筑布局和结构上形成了不同的类型。

靠崖式窑洞（见图26），又称靠山式窑洞，是利用山坡、沟边、塬缘、断崖上的天然崖坡经人工削坡后形成崖面而挖建的窑洞，适合于沟、梁、坡、崖密布的地带建造。它顺山就势、依山靠崖而建，因而常按等高线布置，呈曲线和折线形排列。靠崖式窑洞的

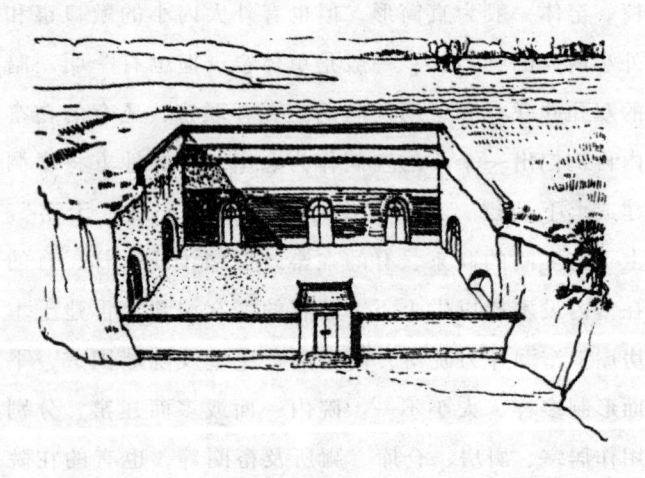

图26 靠崖式窑洞

村落布局分散，进入村中，不沿沟前行，难识村落真面目。

地坑式窑洞（见图27），又称下沉式窑洞或地下窑洞，是指在平地和缓坡地带向下挖掘出一个深达数米的地坑，然后再在地坑四壁上挖建的窑洞，是在没有山坡、沟崖可利用的黄土塬干旱地带形成的一种窑洞类型。地坑形状为方形或长方形，地坪标高一般比窑顶（地表面）低6～7米。一般是在地坑的四壁或三壁上挖建窑洞，而以阴面的一孔窑洞作为出入的门洞，经坡道通往地面。地坑院内设渗井、水井或水窖，并栽植树木花草。这种窑洞的村落布局较集中，地坑成群地分布。有的地方整个村庄和街道建于地表面以下，远远望去只能见到树冠和地面上的树木。

图27 地坑式窑洞

拱券式窑洞（见图28），又称作独立式窑洞或锢窑，是一种形似窑洞的拱券式掩土房屋建筑。其中，常见于陕北和晋中南地区的土基窑，在低矮的土崖上切割崖壁，保留原状土作窑腿（相邻两孔窑之间的土墙体，有的地方用土坯垒砌）和拱券胎模，用砖和土坯砌出拱形顶后，四周夯筑土墙，再在四周及顶上分层夯筑厚 1.5 米左右的窑顶；多分布于延安周围及晋中地区的砖石窑，则是用砖石垒砌四壁和拱顶，顶上及四周掩培厚 1.5 米左右的土层，可以不依山靠崖而独立建造。窑顶一般做成平顶，也有的在上面铺瓦，做成四坡顶或锯齿形顶。这种窑洞可以灵活布置，形式多种多样，有的在窑上再建房，有的则仿照北方土木住宅格局建成三合式、四合式窑洞院落。

图 28　拱券式窑洞

各地的窑洞民居不仅有着类型上的差异，而且其细部处理也各有特色。如在陇东地区，窑洞平面多呈外宽内窄的梯形，门窗多为一门一侧窗一高窗（或通气孔），窑脸装饰简单，窑洞组合多为单孔窑。陕北的窑洞，单体窑洞多呈等宽形式，进深较浅，门窗多为大门、大窗，采光充足，砖砌窑脸。在晋南地区，多为砖砌前墙、砖砌窑脸，并有装饰性檐口，常见一明两暗的三孔并联窑。在豫西地区，单体窑洞往往只开一门，采光条件差，窑内装饰讲究，窑顶覆土一般在3米以上。这些地方特点，都是在各地自然环境、社会生活及风俗习惯等因素的作用下形成的。

窑洞民居之所以历经上万年而不衰，一方面在于它科学地利用了当地的自然条件，结构简单，易于建造。另一方面，在于它那良好的实用性，即冬暖夏凉，湿度适中，能够减少室外噪音和温度变化对人体的影响。此外，它还有利于节约能源。正因为如此，它引起了现代建筑学家的广泛关注，正在启发人们探讨地壳浅层地下空间的开发和利用，即发展现代穴居——掩土建筑。

四 南方民居建筑风貌

这里所说的南方，主要是指中国的东南部地区，即长江中下游及其以南地区，北大致以秦岭—淮河一线为界，西以三峡—大瑶山一线为界。这一地区以汉族传统的居住建筑为代表的民居建筑，历经几千年的发展和演变，形成了独具特色的南方风格，而且各地又具有浓郁的地方特色。皖南徽派民居、苏杭水乡民居、闽西的客家土楼、粤中的侨乡民居和上海的石库门里弄民居，展现了南方民居建筑的风貌。

皖南徽派民居

皖南赣东北一带，为古代徽州之地。这里山川秀丽，丘陵起伏，物产富饶。明清时期，徽州商人活跃，文化日趋繁盛，民间住宅也形成了独具地方特色的徽派民居，成为中国汉族民间住宅宝库中的精美之作。直到今天，在皖南赣东北地区，保存完好的明清民间住宅建筑仍相连成片，处处可见。像安徽歙县呈坎村的大量古建筑中，就有明代住宅 36 处；安徽黟县西递村保存有明清民居 124 幢；江西婺源有 30 余处数十栋连成一片的明清民居建筑；而安徽屯溪市长达 1200 余米的老街，更是向世人展现了明清商业街的建筑风貌。

徽派民居在建筑布局上普遍采用汉族传统的三合院式和四合院式布置，平面呈方形和长方形（见图29）。四周用高墙围合，大门设在正面居中，外墙上除了大门外只开少数小窗，封闭但不呆板。房屋多为二层楼房，偶尔也见有三层楼房。房屋为砖木结构，多用穿斗式木构架和以望砖砌成的空心墙，以利于保持室温和阻挡噪音。屋盖为两面坡硬山式，屋面用青瓦铺装，山墙做成马头墙形式而高出屋面，既利于防火，又富于变化。前庭为天井，两侧为厢房。厢房开间窄小，进深浅，便于采光。天井横长而狭窄，仅作排水和采光之用，屋前脊雨水顺势流入天井之中（所以这种布局又称为"四水归堂"式），以寓"财不外流"

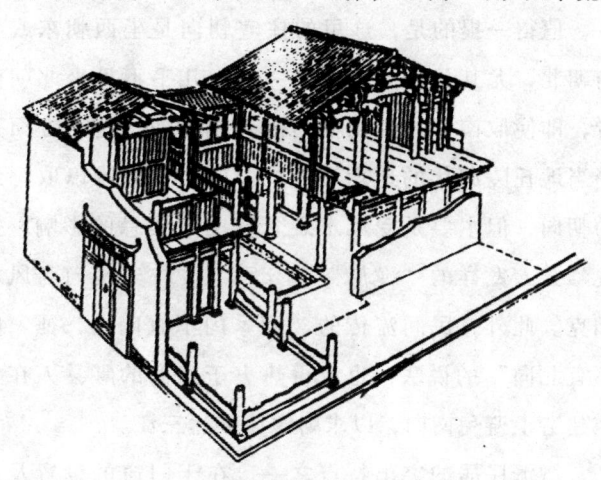

图29　徽派民居透视

之意。正房一般为三开间格局,楼下明间作为客厅(二进以上时作门厅),一般做成开敞式的敞厅,以适应南方湿热的气候。明间左右两侧房间为居室。楼上明间常用以祭祖,两侧房间作为卧室、书房或闺房。楼上多采用跑马楼形式,即四周房屋挑出檐廊,廊柱外侧安装雕镂华美的木栏杆和栏板,形成环绕四周的通廊,具有通道和通风的作用。廊下栏板上设置呈弧形悬挑的靠背,望柱间置放座板,组成带扶手的飞来椅,俗称"美人靠"。宅主人及亲朋好友坐在飞来椅上谈天说地,别有一番情趣。大型住宅往往由二进乃至多进组成,而且每一进的结构都大致相同,设偏房跨院的情形也时常可见。天井浅小,为徽派民居的一大特点。天井地面用石板铺砌,便于清洗。庭院内常设置假山、盆池、花坛,使住宅和润阴凉,高雅深邃,充满纤尘不染和隐逸闲适之意境。

值得一提的是,这里的住宅朝向是坐西朝东或坐南朝北,尤其是在安徽黟县一带,几乎不见坐北朝南者,即使取南向,也要稍稍偏东或偏西。这一方面是受当地丘陵起伏的地理环境的限制,住宅难以取一致的朝向,但主要是受风水观念及民间禁忌的影响。据说黟县人发祥的"龙脉"起于西北,住宅南向与风水相克。此外,民间流传的"商家门不宜南向,征家门不宜北向"的说法,也使得热衷于经商的黟县人在住宅建造上避免南向,以求财源茂盛达三江。

徽派民居的突出特点之一,在于门窗的设置及结构。大门作为住宅的门面,是住宅建造的重点之一。

大门都建有门楼或门罩。门楼的墙身、基座、门楣均为石砌，四周用青砖贴面，表面光洁细腻。门楼用水磨砖雕镂砌成仿木结构，柱、枋、斗拱、檐椽一应俱全，结构严谨，式样别致，额枋部位为精美的砖石雕图案枋心。有的大型住宅的大门由高大的正门和两侧略低的边门组成，并均砌出门楼和门罩。有的正门两侧边墙上虽无边门，但仍砌出门罩。门前置一对石鼓，石鼓边上置石墩，显得严谨庄重。住宅的中门也往往用水磨砖砌出门楼或门罩，有些中门石框上有题书匾额。房屋外墙开设的小窗，通常用水磨砖或黑色青石雕砌成各种形式的漏窗，窗上方砖砌屋檐外挑。门窗上方的小屋檐，当地俗称"短檐"，传说是遵宋太祖赵匡胤之旨而设。传说毕竟是传说，短檐的设置的确有利于门窗避雨水拍打之害，而且在大面积的粉白色墙壁上时而凸出青灰色短檐，使建筑外观平添几分美感，增加了住宅的韵律。

　　精于装饰，是徽派民居的又一大特色。住宅的外部装饰虽然仅限于那庄重华美的门楼和形式多变的漏窗，但住宅内部则无处不精工细作，无处不见内容丰富、构图别致、形式多变的砖、石、木雕刻，成为著名的"徽州三雕"。其中，木雕使用最为广泛，几乎有木构件就见有雕镂，而且往往大面积使用。从大梁到月梁，从栏杆到栏板，到处都加以雕镂，而大面积的格扇、屏风、门窗更是雕镂的重点。雕镂内容十分广泛，或花鸟鱼虫，或历史人物，或戏曲故事，或福禄寿字，应有尽有，有的辅以彩绘，更是华美动人。砖雕多饰于门楼、门罩、八字墙等处，手法有线雕、浮雕、圆雕、半圆雕、镂空等多种，雕镂内容常因时取景，因地构图，有时一幅门饰就是一个完整的历史故事，画面前后景最多时可有九层之多，线条流畅，比例匀称，在平衡和对称的布局中显得完整而和谐。石雕常见于墙上漏窗、天井石栏、门楼石框等处，石框多为浮雕，漏窗、石栏多为透雕，漏窗的形状有圆形、长方形、书卷形、祥云形等，窗中雕镂出"寿"字、吉祥如意、云龙、松石竹梅及几何形图案，内容丰富多彩。各种雕刻与建筑结构融为一体，表现出徽派民居庄重华丽而又活泼多姿的风格。

徽派民居独特的地方风情，还表现在它融住宅于大自然之中的村镇布局和艺术外观上。皖南地区丘陵起伏，流水潺潺，山清水秀，村落大都依山傍水或靠山近田，顺着河流和山溪展开，有时流水穿村而过，甚至弯弯曲曲地穿庭入院。住宅成群地沿着地面的等高线灵活地排列在山腰、山脚和山麓，村镇布局随地形和道路展开。住宅布置密集，街巷狭窄而曲折，纵横交叉。巷路用大青石板铺地，随地势起伏而建起台阶，步入巷内，犹如进入迷宫一般。巷子两侧是高高矗立的住宅外墙，使巷子更加显得宁静幽深，深巷高墙成为徽派民居的一大特色。村旁有碧绿的池塘，池边树影绰约，轮廓线丰富清晰、造型比例优美的民居倒映于池水之中，与水光山色连成一片。远远望去，高低错落的形体组合，丰富多变的屋面和山墙，灰瓦白墙的色彩对比，以及外墙上大小形状各异的门窗勾画出的多变的线条，使住宅建筑融汇到山清水秀的自然环境之中，形成了典雅、朴实而秀丽的民居建筑风格。

苏杭水乡民居

常言道：上有天堂，下有苏杭。说的是苏杭一带风景秀丽，人杰地灵，富庶美好。的确，地处长江三角洲太湖平原的苏州和杭嘉湖地区，不仅是中国著名的鱼米之乡、丝绸之府，而且居住建筑也别具江南水乡特色。

水多，是苏杭一带自然环境最突出的特点。城镇村庄就是在那密布的水网和众多的湖泊之间展开的。城市沿大河，村镇傍支流，无水不成村。一般的村镇，都是沿河带状展开；河网交叉地区，村镇呈放射状布局，或呈团状展开；有山丘之地，村镇则建在山南向阳、靠近水道的平地上。城镇之中，因水成市，因水成街，住宅沿河而建，相互间往往紧相毗邻，或仅留窄小的弄道，形成与水道密不可分的街巷格局和民居布置，各种形式的临水住宅也应运而生。前临街后临河的住宅，开设一后门并设置小小的码头，以便人们在这里洗濯、上下船只或从往来的船只上购物；隔街望河而建的住宅，门前往往是骑楼式的步行道，河边相距不远就建一处石阶码头，廊下既可穿行，又可晾晒衣物，还是街坊邻居谈天说地的共用空间；临河望街而建的住宅，门前设一私家小桥，出门过桥上街；

跨河而建的住宅，河上用私家小桥相连。河汊密布地带的有些住宅处于水网之中，有河而无街，出门就要上船。河多，桥就多，在苏州有"三步两座桥"之说。桥多，桥的种类也多。既有连接交通干道的大桥，又有住宅中连接前后房屋的私家小桥；桥的平面有一字形、T形、八字形、H形、Y形等；有梁式桥，又有各种形制的拱桥；有砖桥、石桥、竹木桥；有设廊的廊桥、建亭的亭桥……桥把道路和街巷连接贯通，与河道形成立体交叉，把住宅有机地组织在一起。纵横交叉的河道，沿河而建的房屋建筑，横跨河上的小桥，来来往往的船只，描绘出一幅美丽的水乡图画（见图30）。

图30 苏杭水乡小镇风貌

苏杭一带的住宅布局紧凑，平面及立面处理讲究实用而不拘一致，建筑造型轻巧灵活。城镇中的大中型住宅，是以"落"和"进"为单元组成的封闭式院落。三或五间房屋横向连成一体的建筑称为"落"，落与其正面的庭院组成"进"。中型住宅往往是多进纵向串联再围以院墙的多进式住宅；大型住宅则常见横向并列、一落多进，并围以高墙的多落多进式住宅，最大者可多至九进。大型住宅一般在中央轴线上自前而后依次建照壁、大门、门厅、轿厅、院门（二门）、正厅、内厅及楼厅，左右轴线上布置客厅、花厅、佛楼、书房等，边上是次要的住房和厨房、杂用间等，有的在住宅左右侧或后部建有花园。正厅形体高大，进深也大，内部装饰华贵，主要是供接待贵宾、婚丧大典之用。内厅是主人及内眷主要的生活起居场所，往往建成两侧带厢房的环楼形式，房屋间以回廊相连，组成一个大庭院，楼上设回廊，廊外侧设栏杆。住宅边上常设有狭而长的弄堂，一则为了防火、巡逻打更，故又称为"备弄"；一则供宅内妇孺及奴仆下人避开厅堂以出入宅院，故又称"避弄"。庭院进深较浅，称之为"天井"，天井内叠石凿池，种植花木，形成优雅的小环境。尤其是砖雕围墙之设，颇具地方特色。砖雕围墙一般设在大宅的正厅或内厅的前院，是把整个围墙的一个面作为一个整体，自上而下依次为脊和瓦顶、砖椽和望砖出檐、砖砌挑檐桁条、砖制斗拱等，斗拱间有精细的镂空砖雕花饰，花饰及斗拱下面是悬雕图案或砖雕戏曲故事，构成具有良好装饰效果的砖雕带，充满了艺术情趣和文化氛围。中型住宅的布局原则同于大型住宅，只是有的大门不开在中轴线上，或轿厅在门厅一侧，或正厅与内厅合一，而且规模要小得多。小型住宅结构简单，布局灵活。不少中小型住宅是店宅合一、作坊与住宅合一的形式，如常见的前店后宅式民居、下店上宅的骑楼式民居，以及前店后宅的骑楼式民居等，反映出注重实用而不拘于形式的特点。

乡村中，常见独立式住宅，宅与宅之间一般有一定的间隔，其布局也有别于城镇。房屋为平房，平面作矩形或方形，室内再进行空间分隔和组织，常见有两间户、三间户及四间户不等。一般进门是堂屋，用于生活起居、会客用餐及室内农副业生产。堂屋一侧或两侧是卧室，后面为杂物间和厨房（有的将厨房建在室外后院），杂物间开后门通向后院。房前为晒谷场；房后为后院，建有家畜禽舍，有条件的在住宅周围种植果树和竹林。屋门别具一格，由两层木门构成：里面是全木板门；外面是半高的带栅栏的木门，关上后既可通风采光，而又阻挡家禽进入屋内，方便实用。

房屋建筑以木构架承重，一般用穿斗式构架，或用穿斗式和抬梁式相结合的构架。厅堂大多用彻上露明造，天花做成各种形式的"轩"。墙体多用砖拼砌成"空斗墙"。屋面构造简单，直接在木椽上铺望砖和小青瓦。屋顶为悬山顶或硬山顶，屋面较陡。硬山式屋顶的山墙或做成封火墙，或做成中间高两边低呈台阶状的"屏风墙"，或随屋面起伏做成"观音兜"（见图31）。房屋朝向多朝南或东南，屋脊高，进深大，出檐

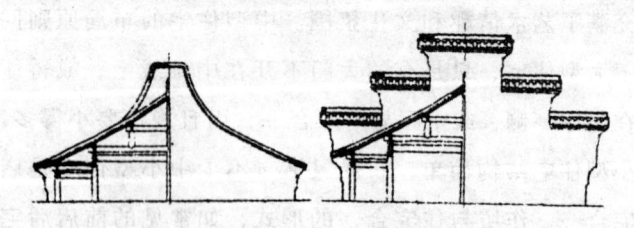

图31 观音兜（左）与五山屏风墙（右）

深，而且有的前后设廊，以利隔热通风。楼房上层经常前后挑出或缩进，山墙又往往设腰檐，因而重檐到处可见，使建筑外观富于变化。

在人多地少、土地珍贵的苏杭水乡，人们为了在有限的土地上尽可能地扩大生活空间，除多建楼房外，还采用了诸如出挑、枕流、吊脚等争取和利用空间的办法，形成了独特的地方风格。"出挑"，是指房屋楼层之局部或全部向外挑出，形成悬空的空间；"枕流"，是将整个建筑物跨河而建，流水自房下流过；"吊脚"，则是将房屋建筑的一部分用支柱凌空架设在水面上。此外，有些小型民居还常常在主体房屋的一侧或几侧附建低矮的单坡房屋——"披屋"，作为辅助用房。这些建筑方法不仅争取到生活空间，便利生活，而且丰富了建筑体形面貌，形成了江南水乡灵活多样的建筑风格。

水乡民居的另一个特色是窗多。窗子的种类多、式样多。院墙上设有砖瓦石拼砌雕镂的漏窗，形制或圆、或方、或多边形，有的在院内隔墙上部密排漏窗而组成花墙，有的房屋外墙设漏窗并加筑短檐。漏窗之设，既可通风，又能借景。房屋一般是前后开窗，也有的四面开窗并设天窗。窗子有落地长窗，有半窗，有和合窗，有横风窗，有的甚至是通排明窗，以窗代墙。窗多，窗子还精于装饰，仅窗子内心仔的花纹就有数十种之多，如常见的万川、回纹、书条、冰纹、八角、六角、灯景等，而且每一种又可变化出若干种。长窗的裙板更是装饰的重点，多雕出如意、花卉、琴棋书画之类的静物以及戏曲故事。此外，装修于柱间的栏杆和挂落同样雕出各种精美的花纹，使房屋建筑更显得玲珑别致，成为江南水乡民居的另一特色。

闽西客家土楼

福建西南部和广东东北部地区，山峦起伏，河流纵横，气候温暖湿润，林木繁茂。自汉晋至宋明时期，为躲避中原战乱而南迁的中原汉人的一部分迁居到这里，称为"客家"，在这里繁衍生息。客家人在这深山密林之中聚族而居，为了抗御外来的侵扰，便于相互间的互助，承袭北方地区木构架庭院住宅的传统，并结合当地的特点和实际生活需要，建造起防御性突出的封闭型集居式住宅。闽西地区的大型土楼就是其代表。

所谓"土楼"，是指木构架、土筑围护结构、全部房舍围合在一起、内部为庭院的多层集居式建筑。闽西客家土楼的形式多种多样，根据形体和布局结构的不同，大致可分为圆楼、方楼、五凤楼三类。

圆楼是最具特色的一种土楼。楼的大小不一，大者直径可达80余米。外围是环形夯筑土墙，厚者达2.5米。楼内依墙建环列式楼房，一般2~3层，高者达5层，楼前设廊。楼内庭院之中，或再建环楼，少者一环二环，多者达四环；或设置平房，或为宽敞的庭院。楼顶为环形两面坡式屋顶，屋面以青瓦铺装。出檐较深，深者可达2米以上，既利于遮阳隔热，又利于保护墙体。一层外墙不开窗，二层以上也只是开小窗。一般一座楼只设一个门以供出入，以增强防御性。当地人称圆楼为"圆寨"，可见其防御功能之强。每座楼都有一个雅致的名字，刻写在楼门入口的上方。根据楼内的结构和布局，圆楼还可分为多种类型。

永定县古竹乡的承启楼（见图32），是一座有名的内通廊式圆楼，建于清康熙年间（1662~1722年）。该楼直径73米，四环相套：外环4层，楼上均设环形通廊，每层72个房间、4个公共楼梯；二环2层，每层40个房间；三环1层，设32个房间；中心建筑为祠堂。

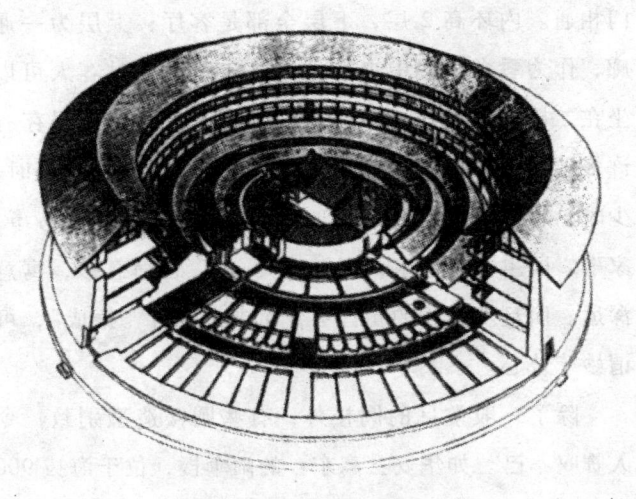

图32 圆形土楼透视

华安县仙都乡的二宜楼，为单元式圆楼，建于清乾隆三十五年（1770年）。该楼直径71.2米，外环4层，底层外墙厚达2.5米，为目前所知墙体最厚者。

全楼分隔成12个单元，各单元之间以防火墙相隔。每层向院内一侧都有廊，作为各家的阳台。

建于1789年的平和县宜谷径村的树滋楼，为单环3层内通廊式圆楼，底层向内伸出。每层设26个房间，每间内又各自有内楼梯从一楼通向三楼。因此，26个房间又是相对独立的26个单元，单元式与通廊式的特点兼而有之。庭院宽敞，以卵石铺地，以圆心为中心形成一个放射性图案。

永定县洪坑村的振成楼，为一内外两环的通廊式圆楼。外环4层，每层48个房间，按八卦分为8组。每组6间，设一楼梯。组与组之间筑防火砖墙，以拱门相通。内环高2层，下层全部是客厅；上层为一通廊，作为看台。楼中央建一座戏台，演出时客人可以坐在二楼通廊上看戏。楼内装饰精美，至今还保存有许多楹联，祖堂内有一副对联写道："振作那有闲时，少时、壮时、老年时，时时须努力；成名原非易事，家事、国事、天下事，事事要关心。"言简意赅，寓意深远。而且上下联的句首字合而成为楼名"振成"，可谓妙笔苦心。

除了一般常见的圆楼外，有些圆楼造型别致，令人赞叹不已。如华安县高东乡的雨伞楼，位于海拔900米的小山丘上，内外两环，均为两层，大出檐屋顶。由于内环在山顶而地基高，外环在山坡环绕而基础低，故外观内环高于外环，远远望去，犹如一把雨伞矗立在山顶，颇具韵味。

方楼，是使用多、分布广的一种土楼，尤其在永定、龙岩一带更为集中。其平面呈矩形或方形，四周为高大的夯筑土围墙，利用围墙在内侧建造楼房。一般为4层，有的高达6层。使用木构架、木地板和木楼梯，歇山式屋顶，铺以青瓦。规模大小不一，房间有多有少，多者达400余间。楼前设通廊，楼梯间1～4间不等，常见的是2间和4间，对称布置于两侧。四周楼房环抱为庭院，庭院内或不设任何建筑物，为空旷的场地；或设置厅堂庭院、各种建筑，所设建筑一般为平房。一座楼只设一个入口，入口设在中轴线上，设入口处称为门厅。中轴线的另一端为供奉列祖的祖堂，与大门遥相对应，堂前为迎宾典礼之处。大门及外窗的设置同于圆楼。方楼中亦见形制独特者，如漳浦县的清晏楼，是一座四角带耳、平面呈风车形的万字楼。楼高3层，正方形平面的四个角各向外凸出一个半圆形的碉楼，远望犹如楼角的四根硕大的圆柱。这种方楼造型雄伟，防御性更强，比一般方楼多了几分城堡的威严和神秘感。

　　五凤楼，又名"三堂屋"，可以说是方楼的一种，由于在布局上以主楼为中心、两旁横屋拱卫舒展，且屋面层层叠起如凤凰展翅，故取名"五凤楼"（见图33）。五凤楼一般由"三堂两落"组成："三堂"，是指沿南北中轴线居中布置的下堂、中堂和上堂（主楼），下堂前设门楼，或居中，或偏于一隅；"两落"是位于三堂东西两侧的纵长方形建筑（当地俗称"横屋"）。常见组合有三堂二横者和三堂四横者，有的小型五凤楼虽不带横屋，但高三四层的主楼是不可或缺的。楼后一般不加围屋，只设凉院或花台。楼前设有草坪和半圆形鱼塘。自家无功名而又无功名可借者，门楼屋顶只能用悬山式顶，不得飞檐起翘；有飞檐起翘，则为有功名者，往往以"大夫第"称之。如永定富岭乡的大夫第，屋顶成功地采用歇山与悬山的巧妙配合，院落重叠，屋宇参差，形成古朴、壮观的建筑风格。五凤楼一般依山坡而建，布局严谨规整，正面看左右对称，侧面看前低后高、屋顶高低错落有致，外部土墙粗犷而浑厚，一座座土楼犹如一座座奇妙的城堡。但自小门进入楼中，则是另一番天地，充满了浓郁的生活气息。

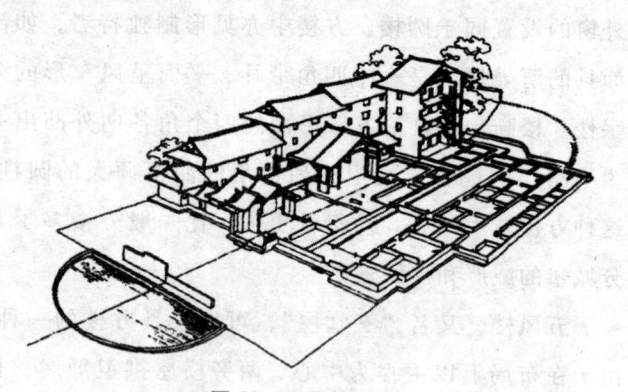

图33 五凤楼透视

除了圆楼、方楼、五凤楼为常见的形制外，还有一些结构特殊的土楼。如诏安有半圆楼、弧形楼，永定下洋乡有一座箕形楼，漳浦县的治燕楼则是一座土石混筑的大圆楼，南靖县的常生楼是八角形的"八卦楼"，另外还有五角楼、半爿（音pán）楼等，使得客家土楼异彩纷呈。

粤中侨乡民居

地处华南沿海的广东，是中国著名的华侨之乡。自 16～17 世纪开始，尤其是 19 世纪后半叶，山多地少、地狭人稠的沿海地区的劳苦大众为生活所迫，纷纷漂洋过海，到异邦谋生。他们虽身在异国，但却时刻怀念着祖国和家乡。不少侨胞节衣缩食，积蓄了一些钱财后回到家乡，置田建屋。他们既保持着中华民族的传统道德观念和封建伦理思想，又受到了异国思想文化的影响和熏陶。因此他们回到家乡建造的住宅，既没有脱离当地住宅的传统形式，又吸收了西方的思想文化、审美意识和表现手法，形成了一种既有传统形式又有外来因素的民居建筑——侨乡民居。地处珠江三角洲的粤中地区，是全国最为有名的华侨故乡，这里独具特色的民居建筑，向人们展示了它那独特的建筑风貌。

粤中侨乡最为常见的住宅建筑是所谓的"三间两廊屋"，即正房（主座）3 间、房前两侧设两廊（即厢房）、中央为天井的三合院式砖木结构的平房建筑（见图 34）。正房居中为厅，厅两侧为卧房。两廊一般用作厨房和杂物间，并隔出一小间作为妇女的冲凉房。天井窄小，通常凿一水井以供饮水。大门设在正面居中，作凹斗状；或设在东西两廊上，主要大门作凹斗状，次要大门不作凹斗形式。硬山式屋顶，青瓦铺装。这种住宅结构简单，便于使用且占地少，是侨乡最常见的住宅。但最具侨乡特色、最能代表侨乡民居特点的则是砖石结构,甚至是钢筋混凝土结构的楼房建筑,即楼式侨居、庐、碉楼及裙式碉楼。

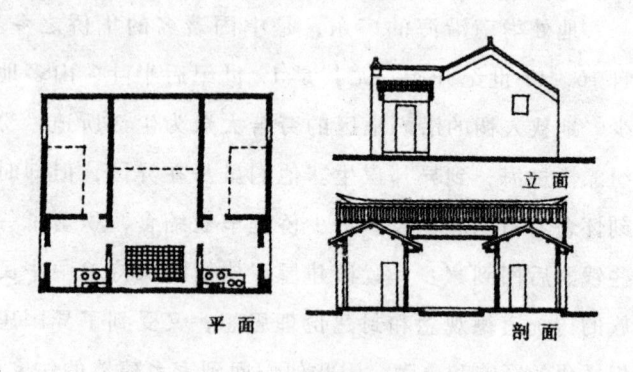

图34 三间两廊屋

楼式侨居,平面作方形或长方形,一般按当地"三间两廊屋"的形式布局,二层者居多,也可见到三四层者,多采用瓦顶。房间配置一般底层的居中厅堂为客厅,两侧为住房和辅助用房,楼上用作居室和储藏室。厅堂中央或前部设楼井,楼后或屋面开气窗。房间开敞,并都开设窗户,因而通风采光良好。楼门有的设在正面居中,采用外廊形式,下为柱廊,上为晒台;有的设在两侧,而正面是清砖墙面,上下层各布置几个窗子,或做成窗洞、栏杆等有规律的组合。楼房的山墙和侧面大门往往重点进行装饰处理。楼式侨居组成的村落,布局严谨而规整,各楼的建筑形式及高低往往相同,数楼并排,远望颇为整齐壮观。

庐,实际上是一种楼式侨居,只是不论造型还是材料都属上乘,而且一般建在村前村后的边缘处,或离村子有一定距离的平坦开阔、环境优美的地带,单独建造而很少成组成群,犹如我们常说的别墅,当地人雅称为"庐"。庐的平面布局形式以传统的三间两廊为基础,但平面形制及外观造型比较灵活,形式多样。如有的平面作T字形,有的外部呈方形而内部作自由式布局;有的不采用传统的坡屋顶而用平顶;有的正中使用凸出的廊柱,以突出大门入口和中心部位。庐的房间开窗较大,室内通透开敞,通风采光效果好。窗户形式多样,如八角形窗、凸形窗等。与一般的楼式侨居相比,庐更多地摆脱了传统的束缚,同时更多地接受了某些西方建筑的影响(见图35)。

图35 楼式侨居——庐的外观

碉楼,顾名思义,是一种形似碉堡的楼房居住建筑。碉楼一般高3~5层,最高的9层。布局结构有2种:一种作集居式布局,平面布置是中间为通道和楼梯间,两旁为房间;一般是4层,多者9层;房间狭小,每户每层都可分得一间。底层用作储藏间,堆放水缸及禾草,并作厨房;二层住妇女老幼并储放粮食;三层以上供各户年轻人居住并作守卫瞭望用。这种碉楼平时闲置,遇有紧急情况或到了晚上,各家老小都到里面居住,以保安全。这种楼往往是几户村民集资合建,故又称为"众人楼"。另一种是外形平面作方形或长方形,楼内房间分隔自由灵活。顶层四周向外出挑,做成挑式回廊。回廊的墙面及挑出的楼板都凿有内大外小的枪眼洞,楼内的人可以上下左右观察到外面的动静,危急时向各方射击。顶层中央则矗立一个大屋顶,屋顶形式各种各样,有中国传统式、西方古典式、文艺复兴式、伊斯兰教堂式,等等。碉楼之不同于一般楼式侨居,不仅仅在于它防御功能突出,还在于它在村落中往往是三五成组或单独地建在村前、村后或村边。这种住居最早出现于17世纪,是在当时的社会背景下产生的。到了20世纪二三十年代为人们所重视,被当地人看成是保家护村、防匪防盗的一种重要手段。此外,由于它多建于村落的制高点,所以又是洪水泛滥时的避水之地。于是,兴建碉楼之风时盛。但是,碉楼又有其致命的弱点,即功于防御而不便日常生活,于是裙式碉楼便应运而生。

裙式碉楼,是在碉楼下部加筑裙房的一种居住建筑,是从碉楼发展演化而成的兼顾防御和日常生活的建筑形式。它既有碉楼的峻峭挺拔、防御性强的特点,又有庐式楼房使用方便、开敞通透的优点。其结构是,在碉楼的前部加建一座两层建筑,内设客厅、餐厅、厨房，用于平日家人聚集、用餐和生活；碉楼内的各层房间作为卧室。有的在楼上储存有粮食，有的楼内设有水井，遇有紧急情况，家人可立即撤进碉楼，据楼固守。

不论碉楼还是裙式碉楼，其建筑原则是一致的，即突出防御功能，较多地吸收了外来因素，如实体的楼身，坚实稳固的外形，小型的窗户，设有瞭望台的挑台，形式多样的屋顶。早期碉楼受外来文化影响较少，多采用悬山、歇山、攒尖等中国传统的屋顶形式。后期碉楼则多采用外来形式，如仿照意大利文艺复兴时期的大教堂屋顶加以简化而形成的仿意大利穹庐式顶，拱廊四角圆柱顶立以小塔拱卫中央六角体屋顶的仿欧洲中世纪教堂式，屋顶建成圆拱形穹隆顶的仿中亚伊斯兰寺院穹顶式，楼顶主体作方柱形、四角设圆形或半六角形瞭望台的仿英国中世纪寨堡式，挑台建成拱形（或椭圆形、尖拱形）柱廊的仿罗马敞廊式等。此外，还有一些碉楼是在传统建筑形式的基础上吸收外来因素所形成的所谓"中国近代式"，如采用坡顶与平顶相结合的屋顶，采用平顶时顶层周围的女儿墙则采用传统的装饰处理，而柱廊、窗楣、屋檐等部位又多运用具有地方特色的细部纹样和装饰。因此，在某种意义上说，碉楼式侨乡民居是一种中外合璧的居住建筑。

以中国的传统文化为基础，吸收外来文化因素建造适合当地自然环境和生活特点的居住建筑，是粤中侨乡民居、乃至各地侨乡民居的基本内涵。以三间两廊为代表的对称式平面布局，是中国传统住宅最基本的布局原则之一，而不对称的外部造型和灵活的平面布置，显然与外来文化的影响有关；既有中国传统的两面坡式屋顶，又有欧洲及中亚风格的穹隆顶、方柱体顶，还有平顶与坡顶相结合的形式；既有中国传统的长方形窗、柱式处理和山水人物图案装饰，又可见到尖拱形窗、欧洲巴洛克风格和洛可可风格的装饰及古典柱式的运用。总之，将中国传统的住宅建筑形式和建筑艺术同西方的建筑形式和艺术处理有机地结合在一起，便形成了侨乡民居以传统建筑为基础、融西方建筑文化与艺术于其中、中西交融的住宅建筑风貌。

黄浦江畔石库门里弄民居

中国各种类型的传统民居建筑，大多有着悠久的历史，但其中也不乏新生的类型。黄浦江畔的石库门里弄民居，就是中国传统民居建筑家族中最年轻的成员。它从诞生到现在，只不过经历了100多个春秋。

地处黄浦江畔的上海，是一个古老而又年轻的城市。早在五六千年前，这里已出现了海滨渔村，元代设县，明代构筑县城，到清代成为全国贸易大港和漕粮运输中心，被誉为"江海之通津，东南之都会"。鸦片战争后的1843年，上海被辟为商埠。此后，帝国主义纷纷在上海划定自己的势力范围，租界接踵而起并迅速扩展。19世纪五六十年代，当地居民纷纷迁居租界,外省城乡逃亡富户涌入租界,人口急剧膨胀,城市住房严重短缺。为了应付急需并牟取厚利,不少房地产商人便在其占有的土地上有规划地大片建造接连式砖木结构的两层楼住宅进行出租,上海里弄民居就这样诞生了。这种接连式砖木结构的两层楼住宅,因其正门是独具江南特色的石库门形式,便被称为"石库门里弄民居",或简称"石库门民居"。20世纪20年代以后,上海又出现了一些新的住宅形式,但主要住宅形式仍然是石库门民居建筑。自50年代起石库门里弄民居虽不再兴建了,但原有的里弄民居仍在使用。因此,石库门里弄民居便成为近代上海居民住宅的代表。石库门里弄民居在发展过程中,大致以1911年辛亥革命为界,经历了前、后两个发展阶段,形成了"前期石库门民居"和"后期石库门民居"两种类型(见图36)。

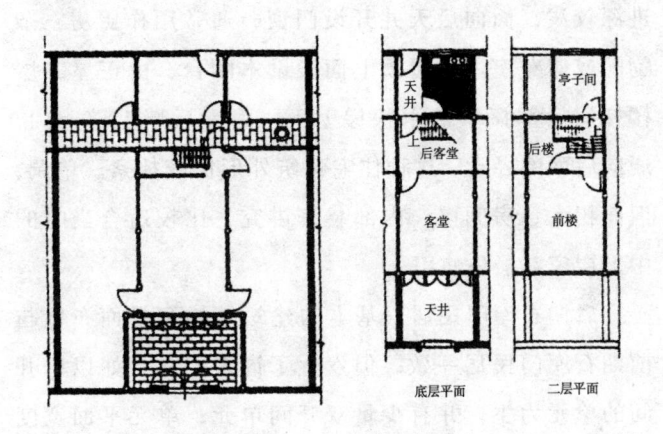

图36 石库门里弄民居平面

(左为前期;中、右为后期)

前期石库门民居，一般为两层楼三开间一个单元，个别的为两开间；或一个单元独立，或五六个单元并排接连。单元的建筑平面大多呈矩形，左右较窄，前后稍长，由前天井、正屋、后天井、附屋及前后门组成。正面居中入口处是一堵高数米的围墙，正门镶嵌在围墙中间。入门为前天井，呈横长方形。正屋由客堂、厢房及楼梯间组成：客堂面向天井，正对着大门，正面设置通排落地长窗；楼梯间紧接其后，横长狭窄，内设直通二楼的单跑楼梯，并有与后天井相通的门。厢房位于客堂左右两侧，其长度是前天井、客堂和楼梯间的总和，分别向前、后天井开窗，向客堂及楼梯间开门，通常用作书房、卧室或起居室。正屋二楼的布局结构与一楼相似。正屋之后为进深1米多的后天井，天井内凿挖水井。后天井之后是附屋，为单面坡斜屋顶平房，屋顶向后天井倾斜，宽度与正屋平齐，进深较浅，面向后天井开设门窗，通常用作厨房、杂物间或储藏室。附屋顶上面架设木晒台，由正屋二层楼梯间后部搁置的木扶梯上下。附屋后墙上辟一门，通向后面的弄堂。这种住宅建筑外形比较朴素、单调，但面积大，房间多，内部装修讲究，比较适合当时的中上层家庭居住使用。

后期石库门民居，基本的建筑结构和平面布置与前期石库门民居一致，但发生了许多变化。如以单开间的单元为主，并有少量双开间单元；单元平面宽度小，大都呈长条形，进深也略浅；占地面积大大减少，而且个别里弄出现了三层楼房；一般8~10个单元并列建成一排，每排两端为双开间单元，其余为单开间单元。石库门的门框采用砖砌并外敷石面层，装饰简化并更多地采用西洋花纹。水泥制品的使用增多，屋顶主要使用机制或土窑平瓦。附屋上部增建一层或两层用作居室，俗称"亭子间"，其屋顶用钢筋混凝土做出晒台；附屋进深变浅，室内净高压缩至2.4米以下，使附屋总高度依然低于正屋。附屋与正屋的连接过渡，或仍采用与前期相同的后天井；或两者相连，缩小附屋的横宽用作后天井，开后门通向弄堂；或两者相连，中间设置楼梯间。这种石库门民居的背面有一个明显的外部特征，即相邻两单元厨房的烟囱自2米高处向外凸出并连在一起，顶部高出晒台，形成一条凸出墙面的柱体。总的说来，后期石库门民居不论单元规模、建筑用地，还是房屋面积，均大大缩小，布局紧凑而造价降低，但质量良好，适应了当时人口大量涌入、小家庭迅速增多的社会生活需要。

作为这种住宅特点之一的石库门，为石门框、木门扇。前期的石库门，下为石门槛，门槛两端立石门框，门框上架设石横梁，横梁两端下方置雀替形短石料；外框砖砌柱墩，上面作额枋字牌，高大而坚实；门为双扇，用厚木板实拼而成，漆成黑色，钉虎头铜环。后期保留了石库门的形式，但门框采用砖砌，外粉水刷石面层；横梁改用钢筋混凝土浇铸；额枋字牌一律取消；门头装饰简化，用西洋花纹及几何状画块取代了传统的花鸟虫兽图案。

从石库门里弄民居的结构布局及发展演变可以看

出,它是直接从当地传统的民居建筑中蜕变而成,并随着时代和社会生活的变化而不断吸收外来因素,逐渐地挣脱传统的束缚,向着建造经济、方便生活的方向发展变化。就早期石库门建筑来看,它那三开间两厢房一天井的平面布局,是当地传统的三合式布局形式,各种主要房屋都绕天井而设,是为了节省建筑用地而把传统上按平面布置的一落多进房屋重叠起来,并根据楼房建造的特点作了某些相应的变动;单元中轴线明显、左右对称的布局,是中国传统住宅布局原则的继续;四周用高墙封闭、对外少开窗户、正屋高大而附屋窄小以示主次分明等,符合了中国传统住宅的特点;两面坡式悬山顶和硬山顶,马头墙、观音兜、和尚头等封火墙也都是当地传统的做法。正门的做法和形制,在江南水乡的明清民间住宅中时常可见,只是后期石库门民居变得更易于建造、经济实用了。

石库门里弄民居作为半殖民地半封建时代上海地区特有的产物,被深深地打上了时代的烙印。从前期的三间两厢式传统布局到后期紧凑实用的单开间、双开间布局,从前期的穿斗式木构架砖砌墙体到后来的混合结构,从前期的木阳台、木楼梯、木晒台到后期改用钢筋水泥制和铁制,从前期木门窗上的木过梁到后来的砖砌圆拱、弧拱、平拱及连拱,从前期的黏土蚨蝶瓦到后来的黏土平瓦及水泥平瓦等,无一不是当时社会生活的缩影,它正是近代文化与传统文化撞击的表现。

石库门里弄民居作为近代上海出现的一种居住类

型，在传统民居近代化、都市化方面都进行了有益的探索。它不仅在节约用地、运用简易结构、采用近代建筑材料、改善居住环境、争取使用空间、合理规划布局等方面积累了经验，而且在建筑艺术方面也取得了一定的成就。嵌在围墙上的石库门用材、规格、式样一致，加强了接连式民居的韵律感，给人以深刻的印象。正屋起伏的屋面、高高的山墙，配以附屋顶上的晒台或平顶的亭子间，使上部轮廓线统一之中又富于变化。灰黑色的瓦顶，伸出墙外的檐口，露出其底色的清油木椽和粉白的望板砖，使得数个单元连成长排后在里弄内显得高大而有秩序，黑白对照的传统色调，给人以稳重安全之感。这些对于当今城市中的住宅建设有直接的参考价值。

五 西南民居建筑风情

地处中国大西南的贵州、云南、四川、西藏等地，地形复杂，气候多样，是中国少数民族聚居的地区。我国56个民族中，在这里居住的就有近50个，其中5000人以上的民族就有20多个。他们或生活在高原的山林草甸，或居住在崇山峻岭之中，或在大河谷地劳动生息。自然环境的差异、民族文化传统和风俗习惯的不同，以及中华人民共和国成立前社会形态的不同，使得这里的民居建筑千姿百态，异彩纷呈。不论是汉、彝等民族所喜爱的"一颗印"式住宅、白族的"三坊一照壁"、"四合五天井"，还是傣族的竹楼、普米族的木楞房、藏族的碉房，无不向人们展现了它们那独特的民族民居建筑风情。

滇池周围"一颗印"

滇池，是中国西南地区第一大湖泊，有"高原明珠"之美誉。滇池一带历史文化悠久，战国时楚将庄蹻率众在这里建立起滇王国，元代以后逐渐成为云南的政治、经济和文化中心。长期以来,这里的汉族及回、彝、苗、白、哈尼、纳西等少数民族共同创造了灿烂的文化,广为汉族和彝族建造使用的"一颗印"式住宅,便是他们居住文化的代表。

"一颗印"式住宅,属于典型的汉族传统的三合院式布局,由正房及厢房组成,瓦房顶,土墙,平面和外观方正如印,故称"一颗印",或称"印子房"(见图37)。典型的"一颗印"式住宅的平面呈方形,作"三间两耳"或"三间四耳"式布局。正房3间,2层,底层设前廊,形成重檐;屋顶稍高,两面坡硬山式(有的使用悬山顶)。两侧厢房称为"耳房",各为单开间者称"两耳",各为两开间者称"四耳";也是2层,底层设吊厦式前廊;屋顶低于正房,为不对称硬山式,长坡斜向院内,短坡甚短,坡向院外。外墙封闭,仅在二楼设个别小窗。前围墙很高,常达耳房上层檐口。大门设在前围墙正中,门内一般设门廊,也有

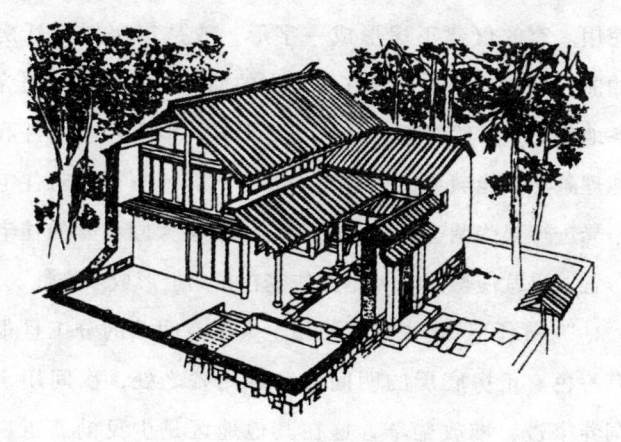

图37 "一颗印"式住宅透视

的在大门内建成二层楼的倒座房屋。不设后门或侧门。

"一颗印"式住宅的突出特点之一，是正房与耳房的各层屋面均不互相交接。正房屋面高，耳房顶层屋面恰好伸到正房上、下两层屋檐之间，耳房底层房檐又恰在正房底层廊檐之下，既充分利用了空间，又增强了防漏雨的性能。楼梯的设置巧妙而又独特：楼梯为陡直的单跑形式，设在正房两次间的前廊；上八九阶到耳房，再登四五阶又到正房，一梯两便；楼梯顶不设平台，仅在房门口设有伸出的踏步板；楼梯虽设在房外，但有层层屋檐遮挡，隐蔽而不怕风雨，占地经济而又使用方便。

"一颗印"式住宅虽然风格一致，但其规模和布局往往因宅而异。有的大型住宅为正房五开间、厢房各两开间的"五间四耳"式格局，并将大门内廊做成二层楼的倒座。有的两座"一颗印"并联建造，相邻的耳房建成一体的对称两面坡式建筑，中间分隔归两户使用。有的仅建正房形成一字形，或是正房加一耳房的曲尺形，而将大门设在左前方的前围墙上。这是因为各地各民族虽然都有自己的住宅形式，但当经济条件和地理条件不能满足住宅建设的要求时，就不得不对住宅格局进行某些调整和变通，于是出现了大同小异的住宅布置，也就使得同一类型的住宅在布局上形成多样性。

"一颗印"式住宅在使用上大都有明确的分工且很有特色。正房底层的明间为待客用餐之处，次间用于饲养家畜、堆放柴草，这在其他地区是少见的。正房楼上明间过去为供佛或供奉祖先的重地，后来多用于堆放粮食，次间用作寝室。耳房底层用作厨房，楼上用作卧室、储藏间等。庭院不大，同房屋的前廊结合在一起成为一个较为开敞的空间，既能满足通风采光和排水之需，又为家务劳动提供了足够的室外空间，形成独家独院的生活环境。

这种住宅的朝向一般不向正南，有些地区朝向西北以祭天山。房屋均为土（砖）木结构，以木柱、梁架承重，采用穿斗式和抬梁式构架。墙体为砖墙或土坯墙，屋面用瓦铺装，前围墙也常常做成瓦顶。房屋外檐口用砖瓦封檐，起加固防风作用。屋脊两端用瓦重叠起翘，使屋脊略成曲线并显得富有生气。大门作为住宅的门面，精心建造装饰，门为木门框、木门扇、木门槛的全木结构，外框用砖垒砌；上部做成屋檐形式，也有的做成门楼形式，与墙顶瓦檐形成重檐。房屋装饰多饰于挑檐，特别是正房前廊的挑檐，梁头及檐口檩、枋、雀替等常雕刻出卷草、龙首、螭首、回纹等，有的使用垂柱，更富装饰性。楼上檐口高，不易看见，便不装饰或仅作简单的线口。正房底层明间一般装六扇格子门，装饰简朴大方，花纹简单，也有的不安装门而作为敞厅。向院内开的窗子多使用木板推拉窗，外墙小木窗多做成双扇开启式，形制简单。从总体上看，"一颗印"式住宅装饰趋于简朴，站在大门口向内望去，只见层檐重叠，廊檐出挑，正、厢房屋面相互穿插，错落有致，紧凑而富有动感；本色的木柱，略饰雕琢的门窗，铺满石块的庭院，都显示出朴素淡雅之美。

"一颗印"式住宅作为滇池周围最常见的典型汉式住宅,是汉族住宅与当地自然和人文环境相结合的历史产物。方方正正的平面,沿中轴线左右对称布置房屋的布局,正房高大而厢房略低的房屋配置等,都是中国汉族传统住宅建造的基本原则。以院落为中心布置房屋,房屋墙身高且厚,厢房短坡向外形成较高的外墙,正面围墙高起,只设大门而不设侧门和后门,外墙不开窗或只开少数小窗,具有较强的封闭性,既符合汉族的住宅传统,又适合当地春季风大的特点。小天井可以减少日光的照射,内檐长伸利于遮挡阳光并阻挡风雨对屋身的侵蚀,屋檐相互穿插可减少漏雨的环节,底层房屋不用于居住以避潮湿之害等,都与当地春季风大、雨季多水、长年温暖湿润的气候特点紧密相关。漫步在滇池周围的村寨之中,只见背山顺坡而建的村寨中,随地形起伏及山坡走向坐落着一座座方方的住宅,形成一组组建筑群;一座座朝向不一的住宅,那方正的平面布局、凹斗式的空间组织、高低错落有序的屋顶和简洁的造型,配以大片粉白色墙壁和灰色的屋顶,掩映在树木花丛之中,折射出当地居民那淳厚朴实的民风;道路顺山就势,高低起伏,蜿蜒曲折,即使在多风的春季,村寨之中也感觉不到狂风呼啸,形成怡人的生活环境。

大理白族民居

位于滇西高原点苍山麓、洱海之滨的大理,是著名的历史文化名城和风景名胜区,是上百万白族同胞聚居的地方。这里不仅气候温和、物产富饶、山川秀丽,独具特色的白族民居建筑更是飘逸潇洒,华丽大方。点苍山下、洱海之滨,在山脚下缓缓的坡地上、溪流边,一座座村镇依山散落,远远望去,青瓦白墙、高低错落的房屋掩映在林木之中,那就是白族同胞居住的地方。走进村镇,会看到村镇中心由本主庙(本主,是白族崇拜的一村或一方的保护神,多为神化了的历史人物,也有河神等自然崇拜之神)与庙前戏台组成的方形广场,以广场为中心,是四通八达的街道和沿街巷毗邻建造的一座座居民住宅。不少村镇还把溪水引入,潺潺流水之声不绝于耳,大街小巷绿树成荫,家家户户花木飘香,展现出秀丽的高原景色和美丽的民族风情。

　　白族民居的特色,首先表现在"三坊一照壁"、"四合五天井"的住宅布局上。白族民居以"坊"为单位,一栋三开间二层的房屋称为一坊。三坊房屋加一面围墙——照壁,围成一个方形的院落,便是"三坊一照壁"布局(见图38);方形庭院四周各置一坊房屋的四合院式布局,便是"四合五天井"的布局。以"三坊一照壁"或"四合五天井"为单元作纵向或横向拼接构成重院的大型住宅,以一坊房屋和三面围墙组成院落的"独坊房"小型住宅,两坊房屋作曲尺形布置、另两面围以院墙的"两向两坊"式住宅,两组独坊房前后串联在一起的"一向两坊"式住宅等布局形式也是常见的。无论采用哪种布局,正房绝大多数坐西向东,成为院落布置的突出特点之一。究其原因,或说是使正房背向常年刮的西风和西南风,或说是由于村镇是建在横断山脉东麓缓坡地带的缘故,或说是出于"正房要有靠山,才坐得起人家"的说法,正房取东向以图吉利。

图38 白族民居"三坊一照壁"鸟瞰

"三坊一照壁"住宅,正房及两侧厢房各用一坊房屋,正房对面是称为照壁的院墙,因而庭院是三开间见方的方形。各坊底层明间为堂屋,用作起居待客,次间用作居室;楼上三间不分隔,明间为供神处,其余都用作储藏杂物;楼梯设在堂屋或次间深处。两坊相交处,各有一漏角天井。漏角天井内建两层耳房一间或两间,底层用作厨房,天井内凿有水井。大门一般开在住宅的东北角,或邻厢房,或与厢房前廊相连,或开在厢房次间。庭院内往往建有花台,种植玉兰、茉莉、丹桂、红梅等四季花卉,并且摆放盆栽花木、盆景假山，成为白族居住文化的一大特色。

照壁之设，乃"三坊一照壁"住宅的突出特征之一。照壁一般做成三叠水照壁形式，即将横长而平整的壁面竖向分为左、中、右三段，中段高宽，两侧较矮窄，形似牌坊。照壁中段墙顶做成庑殿顶，屋脊两端高高翘起，檐角如飞，屋面呈凹曲状，檐下或用斗拱，或用两三重小垂花柱挂枋；额联部位及两侧边框都用薄砖分出框档，框中或饰大理石，或题诗词书画，或塑人物山水和翎毛花卉；壁面正中或镶嵌一块圆形山水大理石块并围以泥塑花饰边框，或竖排四块方形大理石，每块上刻一大字，内容多为喜庆吉祥或显示家声的词句。其余壁面均粉白灰，条石勒脚，一般不加装饰。装饰线条多用黑、灰色调，间以淡蓝、淡绿；斗拱则饰以淡蓝、淡绿及白色，极为清雅秀丽。照壁背面装饰简化，仅有檐下斗拱，额部及两侧边框仅砌出框档。这种造型优美、装饰华丽的照壁，为白族居民所独创，折射出白族民居那浓郁的文化氛围。

"四合五天井"住宅，由于庭院四周各布置一坊房屋，因此除中间有一个大天井外，四角还各有一个漏角天井，一宅之中大小共五个天井，"四合五天井"之称便由此而得。各漏角天井中都建有二层的耳房，其中一座的底层用作厨房。大门同样设在住宅的东北角，或在漏角天井中做入口小院，再于厢房山墙上开二门以通厢廊；或将大门设在厢房次间上。除无照壁外，其他结构与"三坊一照壁"别无二致。

房屋的建造也颇具特色。房屋为土木结构和石木结构，以穿斗式和抬梁式木梁柱构架承重。用柁礅而不用瓜柱，有的使用曲梁，立柱顺树干之势上细下粗，四周柱子微向内倾，整个构架上小下大，具有良好的稳定性和抗震性。墙体常见夯土墙、土坯墙、卵石墙和条石墙，砖墙罕见。卵石墙乃利用河卵石砌成，早在8世纪即已有之，"卵石砌墙不会倒"被称为大理三宝之一，别具一格。屋顶有瓦顶和草顶之分，采用硬山式屋顶，而山墙又常常高出屋面如封火墙，但其目的不是防火而是防风。用特制的薄石板封住后檐和山墙悬出部分的"硬山式封火檐"，既可防风，又形成整洁的外观，也是白族民居的特色之一。主要房屋屋脊两端作鼻子状起翘，耳房屋脊两端则封火墙高出屋面，处理成鞍形或折角形，显示了白族民居檐口的特殊风格。房屋底层前面设廊，山墙下部出檐构成"腰带厦"；楼下明间正面装可拆卸的六扇格扇门，次间正面用木质前墙和通风格子窗。由此可见，白族民居房屋在建筑和结构上的许多做法，是为了适应当地风大、地震多发、飘雨深、气候温和等特点。

大门是颇具特色的建筑物之一，它那独特的造型、华美的装饰都令人叹为观止。传统的大门为有厦门楼式建筑，一般作三间牌楼形式。大型住宅采用的是"有厦出角式"，平面作八字形，屋顶翼角尖长飞翘，檐下装饰木质或泥塑斗拱。斗拱跳头雕成龙、凤、象、草，斗碗雕成八宝莲花，有的全部涂以棕色油漆，有的用木质以突出雕刻"淡描蛾眉"之精妙，有的饰彩色贴金油漆，更显富丽堂皇。斗拱以下是重重镂空的花枋，翼墙（八字墙）上砖砌格框，格框内或嵌以风景大理石，或彩塑翎毛花卉，或画山水人物，或题名辞佳句。至于中小型住宅，一般采用"有厦平头式"，以薄砖镶砌装修门头之各部位，线条柔和的屋脊屋面之下配以白灰粉刷，显得朴素大方，别具一格。近代出现的一种无厦大门，形制虽然有所变化，但同样用砖雕、泥塑、镶砖等手法装饰得精美别致（见图39）。

图39 白族民居大门

（左为有厦出角式 右为无厦大门）

精于装饰，是白族民居的又一特色。装饰的部位除了大门、照壁外，还有墙面、门窗、梁柱、天花、地坪。装饰的手法有木雕、泥塑、石刻、彩画、大理石、镶砖等。墙面不仅外加粉刷，而且要装饰。房屋后墙檐下，常砌入薄砖以划分出框档，并以黑、灰两色勾画出框档线脚、六方砖及空斗墙等图案，大型住宅更在框内绘出山水风景并题写诗句。山墙的腰带厦具有保护墙体功能的同时，也具有较强的装饰性。山尖或全部用黑白彩绘装饰，绘出大山花，空位绘成砖块图案；或用浮雕式泥塑做出山花，再饰以橘黄色为主的色彩。房前廊子两端的墙面也用薄砖砌出框档，框内或嵌入大理石，或塑泥题字。真可谓有墙就见雕塑绘画，无装饰不称其为墙。大理的剑川木雕，久负盛名，在民居建筑中也随处可见，门窗自不待言，梁柱、花枋、柁礅亦然。雕工精美，线雕、浮雕、透雕交互使用。雕有八仙过海、渔樵耕读、四景花卉翎毛、博古陈设等图案的格扇门，做成各式各样花格的窗扇，雕成龙、凤、象、麟、奔兔及几何形花纹的梁柱枋椽雀替，真可谓无木不雕饰。即使庭院地坪，也用砖瓦石精心铺砌出简洁美观的图案。有的廊下地坪还铺有大理石，并线刻出兔含灵芝、狮子滚绣球之类的图案。精美的装饰，主次分明、高低错落有致的造型，相互穿插的鞍形山墙和人字山墙，水平划分的山墙腰带厦和檐下装饰，轻快优美的凹曲状屋面，高翘如飞的脊端，土色墙面、白色装饰带、灰色瓦顶那既对比又调和的色调，使白族民居在建筑艺术上达到了高度的完美。它与抗震、防风、避飘雨的建筑结构相结合，有机地形成了建筑技术、建筑功能和建筑艺术上的和谐和统一。

西双版纳傣族竹楼

提起西双版纳，人们不仅会想到郁郁葱葱的亚热带原始森林和绮丽的南国风光，还会想到傣家姑娘那优美欢快的孔雀舞和热闹非凡的泼水节,而那凤尾竹下一幢幢潇洒飘逸的傣族竹楼同样令人赞叹不已。这里要介绍的傣族竹楼是生活在河谷平坝地带水傣(又称"傣泐")的住居,一种高敞型干栏式建筑。

　　傣族竹楼平面大致呈方形,由架空的底层和包括堂屋、卧室、前廊、晒台的楼层及楼梯构成。底层是由数十根木柱支承楼层重量形成的架空层,四周一般无墙,用于存放杂物、柴草、关养牲畜及舂米等。堂屋居楼上一侧,内部空间不作分隔,中央设有火塘。火塘中常年不熄火,往往是烟火缭绕,上置锅架,供烧茶炊煮。人们围火塘而坐,火塘内侧为家长坐的地方。来客在堂屋相聚,但不能坐在火塘上方,更不能跨火塘而过,住宿一般就在堂屋。堂屋靠墙处放置炊具碗架等。卧室与堂屋并列且长度相当,两者之间以墙相隔,墙上开设一门或两门,由堂屋进入,门上挂布帘遮挡。卧室内不作间隔,是一大通间,一家男女老少几代同宿于其中,按一定次序排列睡卧位置;室内不使用床桌,只是在楼面上铺垫、挂帐,席地而卧(见图40)。按当地风俗,傣人不欢迎外人进入卧室,但对亲密要好的朋友则邀住于卧室中,以示亲如一家。楼上堂屋一端有前廊,设楼梯以供上下。前廊三面无围墙,仅有重檐屋面遮挡风雨,是日常乘凉、进餐、纺织家务活动及待客的理想之处,为各家傣楼必不可少。自前廊一端向外用竹材架设一伸出的平台作为晒台,称作"展"。晒台或设矮栏或不设栏,平时在此盥洗、晾晒衣物和谷物。晒台与前廊相接处的屋檐下放

五　西南民居建筑风情

置盛水的扁圆形陶罐，并将此处楼面下降与竹晒台平齐，以保证廊上地面的干燥和水质的清洁。楼梯设于前廊一端或外侧，一般一楼一梯。此外，为了遮挡烈日照射以便使室内保持阴凉，在主房四周扩大一圈檐柱，盖以披屋面，构成偏厦，有的将楼层屋身全部罩入其中。偏厦之设，使得房屋外墙不能开窗，室内光线较差，但偏厦构成的重檐却丰富了竹楼的外观造型。

图40　傣族竹楼透视

傣族竹楼是就地取材，用竹木建造而成的，以前多用竹材，后来屋架、梁柱等多改用木材。承重构架以柱、梁、屋架组成，屋架跨度一般为5～6米，两侧再接半屋架。立柱为圆柱或方柱，一般以三行纵列柱为中心组成柱网，横向柱距往往是纵向柱距的1倍。柱间纵横架设梁、枋，构成楼层面框架。梁柱采用榫卯结构，很少使用五金铁件。屋架结构形式多样，屋顶为歇山式，脊短，坡陡，俗称"孔明帽"。据当地传说，三国时期诸葛亮（字孔明）到达傣族地区，傣家人向他请教怎样盖房子，诸葛亮就在地上插上几根筷子，脱下帽子往上一放说"就照这个样子盖吧"，所以傣族竹楼就像一顶支撑着的帽子，晒台就像帽冠。屋面铺装用草捆扎而成的草排或端部带钩的小平瓦。楼板系将圆竹纵剖展平后铺于楼棱上并以竹篾捆扎而成，走于其上，有一定的弹性。围墙及隔墙均用竹子编成或木板拼接而成，有的竹墙利用竹子正面、背面质感与色泽的不同，编结出各式花纹。

傣族竹楼的规模大小常常以楼下木柱的根数来表示，一般民宅为五六排、四五十根，最大的竹楼立柱可达120根之多。由于屋架跨度小，室内有成排立柱，大有木柱林立之感。中华人民共和国成立前，处于封建领主制时期的西双版纳傣族聚居区，竹楼建造有若干清规戒律，是傣族竹楼得以保持干栏式建筑之古老形态的重要社会历史原因。此外，按傣族习俗，木柱都有各自的名称，而中柱因为是人死后洗身时所靠，所以平时严禁人靠。中华人民共和国成立前，土司头人的住宅多采用主辅房屋组合的形式，即在主房外相邻或相连修建干栏式谷仓，上层囤米，下层放杂物；普通百姓的住宅则仅有一幢主房，主房平面最常见的为方形，但也有曲尺形、"凸"字形及横向分隔的形式，堂屋、卧室、前廊的设置及布局也多种多样。正因为如此，更使得竹楼的外观千姿百态。

长期以来，西双版纳傣族人民的家庭结构是一夫一妻制小家庭。与此相适应，住宅形式为一院一楼，其院落结构别具一格。它不像汉族住宅那样作房屋围绕庭院的内向型布置，而是作庭院围绕房屋的花园别墅式布局，灵活自由，开敞明朗。院落居中建楼，周围种植竹木瓜果，四周绕以竹篱。环绕竹楼，是枝繁叶茂的椰树、槟榔树、香蕉树、竹林和那花红叶绿的瓜果菜蔬，到处充满着生机，散发着热带雨林的芳香，构成幽静美丽的生活环境。一座座竹楼庭院方向相同，密集整齐地排列于水田附近的丘陵地和山坡上，组成傣族村寨；住宅之间是纵横交错的街道，站在村寨入口处或较高的山坡、林间空地等地势高敞的地方，会看到高大宏伟的佛塔佛寺在低矮的竹楼院落群中雄踞一方，使村寨的立体轮廓更加丰富，构成西双版纳独有的傣族村寨风貌。

  傣族竹楼仅仅是干栏式建筑的一种。干栏式建筑至迟在7000多年前出现在长江中下游地区之后，曾得到了广泛的应用，影响远及日本和东南亚。在云贵地区，它同当地的自然环境和文化传统相结合，获得了相当的发展。3000年前的云南剑川海门口遗址中曾留下了它的足迹，云南祥云、晋宁、江川等地2000多年前的文物上有它的身影，后来历代史书中也不乏关于它的记载，"依树积木，以居其上，名曰干栏"（见《魏书》）。时至今日，干栏式建筑仍然为傣族、壮族、景颇族、佤族、布朗族、傈僳族等居民所喜爱，只是由于各地各民族文化传统、风俗习惯及所处自然环境的不同，使得各地干栏式建筑在外部造型、空间组织及平面布置、用材施工上都产生了诸多差异,形成了各具特色的干栏式建筑。

云岭三江木棱房

青藏高原和云贵高原相接的川、藏、滇三省交界地区,云岭山脉绵延逶迤,金沙江、澜沧江和怒江奔腾而下,深山峡谷纵横交错,是中国著名的高山峡谷地区。在这交通不便、相对封闭的深山密林中生活的彝族、纳西族、普米族、独龙族、怒族、傈僳族等居民,不畏生存条件之恶劣,就地取材,长期以来沿用井干式房屋这一古老的建筑形式为住居,形成了独具特色的木棱房民居。

木棱房是当地少数民族对井干式房屋最常见的称谓。此外,宁蒗纳西人还称之为"木棱子",川滇一带的彝族则称之为"垛木房",滇西北高原的普米族将其称为"木垒房"。从这些称谓大致可知这种房屋的基本结构是:将长长的圆木或方木层层叠起构成房屋的墙体,再在其上架构屋盖。由于其结构平面如"井"字,且构建方式如同古代水井上的栏木,故称为"井干式"房屋。在中国,井干壁体有着悠久的历史,早在4000多年前即已有之。商周时期,人们不仅用这种方法构建水井的井盘和井壁,而且用于建造墓葬的木椁和窨穴的四壁。汉武帝时,曾仿井干的形式积木建造"井干楼",张衡在《西京赋》中将此描绘为"井干叠而百层"。后来,这种房屋便被山林地区的居民相袭而建造使用,现在仍是中国东北及西南林区常见的房屋形式之一。但是,由于自然环境、社会经济及家庭形态等的不同,各地各民族使用的井干式房屋,不论在结构上,还是在布局上,都存在着相当的差异。这里以普米族的木楞房为例加以考察。

普米族聚居的滇西北高原地区,云岭蜿蜒起伏,澜沧江、金沙江奔流而下,山高谷深,地形复杂,气候呈立体分布。普米族主要居住的半山区和山区,气候凉爽寒冷,森林密布。他们的婚姻家庭形态除了一般实行氏族外婚、等级内婚的一夫一妻制父系家庭外,在宁蒗县温泉乡的普米族居民还盛行"阿注"婚的对偶婚制,即男不婚,女不嫁,夜晚男入女家过偶居生活,次晨返回男家生产劳动,所生子女从母姓,由女方抚养,从而构成母系大家庭。婚姻家庭形态的不同,使得他们的住宅在布局和结构上也明显不同。

普米族往往聚族而居,一般一个氏族组成一个村落。村寨多分布在半山腰的局部缓坡地带,大者四五十户,小者十几户或几户。房屋依山就势而建,布局灵活自由;村寨顺山势展开,村内道路蜿蜒曲折。有的村寨坐落在背风向阳的缓坡上,住宅取一致的朝向。有的村寨中设有公房,供开会议事等用。

普米族建木楞房一般是秋天伐木,次年二月盖房,建房时须先向山神、土地神祭献,方可施工。地基和勒脚一般用毛石做成。房屋四壁用直径约15厘米的圆木砍成六边形,上下有槽,垂直搭接处有榫,上下叠接而成。山墙木楞上架设短中柱或木构架,上面放檩木，再自上而下搭接铺装木板，或榫接，或绑扎，但不用铁钉。悬山式屋顶的坡度平缓。屋面用长条形木板分两层压缝铺成，称为"滑板"。为了防止风吹滑板，其上常压石块。这种房屋被称为"一把斧头一把锯的建筑"。

木棱房装修简朴，一般不施油漆，墙上不开窗户或只开个别小窗，因此可以说是"有门无窗的房屋"，建筑风格粗犷、古朴。木棱房在长期的发展中，形成了各种不同的结构布局。如全部井干式结构、木檩条上铺木板、毛石墙角、有门无窗的单层木棱房；井干式结构、二层、前面带有木构架柱廊的两层前廊木棱房；前半部用木构架和木板壁及木棱壁、后部用井干式结构的单层前厦二层木棱房；后部为井干式结构、前部用木构架、二楼挑出走廊的两层木棱房；此外，还有井干壁体与木构架土坯墙相结合的房屋等。

普米族一夫一妻制父系家庭的住房（见图41），一般平面作长方形，以三开间为多；楼房者楼下住人，楼上储物；有廊者廊下为家务劳作之处。火塘之设是普米族生活的重要组成部分：火塘设在主要居室内，其上放置铁三脚架的锅桩；铁三脚架被认为是家神的代表，即使穷困潦倒也不能卖，三餐、节日要祭锅桩；火塘不许妇女跨越，男女要分别坐在火塘的左右两侧而不能乱坐；火塘周围设床，平时在此煮饭、烤火、睡觉，年节及婚丧嫁娶时在这里招待客人，并在此祭祖和祭神，是家庭活动的中心。因此，设火塘，敬火塘，祭锅桩，是普米族居住文化的一大特色。院落组织或作四合院式布置，或作半开敞的院落，但不用围墙，房屋之间也互不连接，住房、仓房、畜厩等各为单体建筑。住宅旁通风向阳处，往往建有木构晒粮架，成为普米族住宅的又一特色。

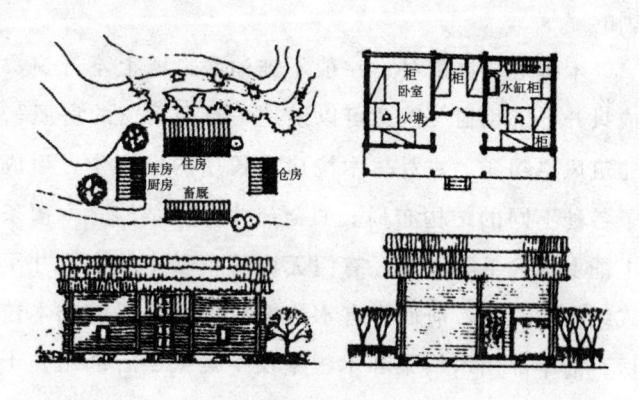

图41 普米族木楞房住宅

（左上为住宅布局　　右上为正房一层平面）
（左下为正房立面　　右下为仓房立面）

实行"阿注"婚对偶婚制的普米族母系家庭的住宅，与一夫一妻制父系家庭的住宅大相径庭，为封闭型院落式大房子。房屋用井干式结构，但院落平面不求对称，房屋相连，布局自由灵活。主房一般为单层，内设擎天柱（当地称之为"格里旦"）一根或男柱、女柱各一根（火塘前左侧为男柱，右侧为女柱，男、女孩成年时在此举行成丁礼），房内设火塘，围绕火塘设床，作为全家人集体活动的地方（见图42）。主房对面或两侧往往接连建造两层房屋，楼下用作储存粮草杂物及畜厩，楼上多分隔成若干小间，除用作经堂外，以供家中成年女子接待"阿注"（普米语音译，意为朋友，这里指对偶婚制下保持两性关系的成年男女）使用，一人一间。其他辅助用房灵活设置，或一层，或二层。这种院落式大房子平面灵活多样，高低错落有致，而且在使用上也有别于一夫一妻制父系家庭住宅，可以说是考察对偶婚母系家庭居住形态和居住文化的"活化石"。

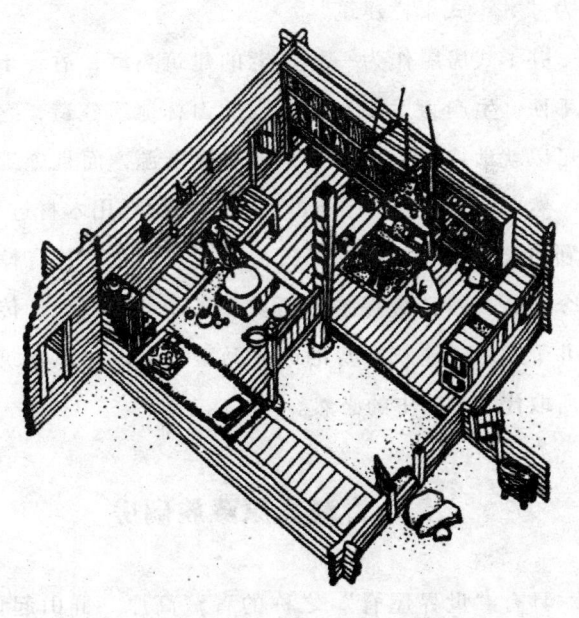

图42　普米族院落式大房子之主房内景

以木棱房为住居的其他兄弟民族的住宅也各有特点。滇西北高原泸沽湖畔的永宁纳西族，虽然实行"阿注"式对偶婚，但其住宅一般以4幢木棱房作四合院式布置，具有正房大、院落大、房屋多的特点。彝族的木棱房民居，与一夫一妻制小家庭相适应，住宅房屋小、规模小，以正房为主配以其他房屋作一字形、曲尺形、三合院及四合院式布局，而且房屋低矮，房内常设简易的阁楼。此外，还有一些井干式建筑和干栏式建筑相结合的民居建筑，如独龙江流域高山密林中的独龙族民居，有些干栏式房屋采用井干式壁体，可称为"干栏式井干房屋"；怒江流域的怒族人，使用井干式壁体、屋面铺装木板、底层架空的房屋，可称之为"井干式干栏建筑"。

井干式房屋作为一种古老的建筑类型，适合于交通不便、生产力发展水平有限的山林地区建造，它不仅可以就地取材，利用当地的林木资源，而且施工简便。然而，这种全木结构的房屋存在着耗用木材过多、不利防火、使用寿命短等致命的弱点，尤其是有悖于当今社会自然环境保护的历史发展趋势。因此，传统的井干式房屋建筑自身的改进乃至被其他房屋建筑类型所取代，是历史的必然。

5 青藏高原藏族碉房

具有"世界屋脊"之称的青藏高原，群山起伏，峡谷纵横，荒漠广布，草甸成片。从遥远的古代起，人类就进入了藏南谷地和藏东峡谷地带，开始了对高原的开发和利用。千百年来，定居在山地河谷一带以经营农业为主的藏族人民，与当地山高谷深、地形复杂、风多雨少、干燥寒冷、日照长、地震多、气候多变的自然环境相适应，创造了独具高原特色的碉房民居。

碉房住居有着悠久的历史。20世纪70年代末，考古学家在藏东澜沧江畔的昌都卡若遗址发现了3座4000多年前的石墙半地穴式住居址。其地穴平面为方形和长方形，口大底小，四壁略向外倾斜，深1米左右。穴壁内侧用砾石垒砌成石壁，穴底及石墙外侧发现大量柱洞，其中12号住居址的穴底中部有砾石围成的烧灶。经复原，其中1座为半地穴式平顶房，另2座为楼房建筑，其结构是：半地穴部分为石墙；楼层以编织树枝条外面涂抹草拌泥构成围护结构，用密排木椽并覆以石子、草泥等方法构成平顶屋盖；使用擎檐柱以承托悬挑的屋檐；用室外独木梯上下楼层（见图43）。这一发现表明，碉房的起源至少可以追溯到4000多年前。到了唐代，已是"屋皆平头，高者数十尺"（见《唐书·吐蕃传》），与后世碉房相差无几了。

图43 西藏昌都卡若遗址5、12、30号住居复原

藏族的碉房，是木构架承重、土石构成围护结构的一种楼房建筑，因其外形浑厚稳重似碉堡，故称之为"碉房"。碉房以三层者最为常见。底层平面呈方形或长方形，只开一门；墙上不开窗，仅在靠近楼层处开气洞；一般前半部分隔成牛马圈，后半部隔开作草料房；楼梯设在大门内侧墙角处或中间近门处，因而不经畜圈是不能登梯上楼的。二层是人们主要的居住生活空间，包括举家日常生活所需的主室、卧室、储藏室、客室、杂物间以及经堂等；其空间的分隔大致与底层相同，即前面大房间作为主室，楼梯间位于主室一侧，主室后面的小房间用作储藏室；有的在中部开一梯井，梯井周围布置各种用房。顶层为敞间和晒坝，一般前部为晒坝，后部为房屋，房屋一般用作经堂或敞间；如果经堂设在二层，顶层房屋专用作生产用的敞间。房顶为平顶，但有的在顶层的敞间上盖以两面坡式屋盖。整个碉房外观方方正正，内部分隔灵活实用。

碉房住宅中，主室是最为重要的房间，人们平时起居、睡觉、炊煮、饮食、婚丧嫁娶待客等都在此室，有的甚至经堂也设在其中，可谓一室多用。正因为如此，主室一般位于碉房前部，面积大，朝向好，东南面开窗多，室内设炉灶或火塘、壁橱、壁架及床铺等。炉灶与火塘极为重要，不仅用于炊煮，而且用于取暖，终日生火，以草木及牛粪为燃料。不用可移动的衣箱、碗柜等家具，而是用壁架、壁橱来放置衣、食、物品等，构成藏族居住生活的一大特点。地板上铺以皮垫子，席地而坐，席地而卧。即使有的地方室内有床，床高也不足30厘米，白天坐用，夜间睡卧。其他诸如桌椅之类，则几乎不见。总之，藏族的居住生活是相当简朴的。

但是，藏族笃信喇嘛教，宗教活动是日常生活的重要组成部分，因而宗教设施不仅为每宅必备，而且装饰精美。尤其是经堂、佛龛，更是描粉贴金，华丽之极。有的在经堂外的墙头上设置焚烟孔，作为每天早晨祈祷时焚烧柏树枝的地方。此外，住宅前面或碉房的墙角竖立木杆，木杆上悬挂布制经幡；或在墙顶上砌一小堆，在堆上插立许多小经旗，称为"嘛呢堆"。无宗教设施不成其为住宅，是藏族碉房住宅的特征之一。

碉房的房顶用树枝、泥土做成平顶，既防寒保暖，又可就地取材。房顶的北部或东、北、西三面建置经堂、敞间等，借以屏蔽北风和西北风；前部做成晒坝，平时在此打粮晒物、做家务劳动、休息，冬天在此纳阳取暖，必要时站在其上，居高临下瞭望看守，有防御之便。

门窗出檐和楼层出挑，是碉房建造中常用的两种手法。碉房底层的门窄小低矮，但门上都做成出檐，有的是长长的雨搭。二层以上正面及避风的侧面的窗子多为竖长方形或上小下大的梯形，窗口上部枋、椽上下相扣，逐层挑出，构成窗檐。门窗出檐既可遮挡雨水，保护门窗，又增加了建筑装饰，丰富了碉房的外部造型。碉房的出挑形式多样，或整个楼层挑出，或挑出走廊，或挑出晒台、晒架等（见图44）。其中，最为独特的是厕所悬挑在楼层室外，或与挑廊相连，或设在出挑晒架的一端；上下层厕所的蹲位错开，互不影响，粪便直落地面；粪坑在室外，与室内隔绝，而且"气候干燥寒冽，故无刺鼻之恶臭"，也没有粪便停滞及冻结在厕所内的现象。出挑不仅争取到空间，而且轻巧的木质出挑与大面积厚实沉重的石墙形成对比，使碉楼稳重的外形中富于变化。

图44　藏族石碉房出挑

碉房的结构常见梁柱承重的密肋平顶结构体系，即先用土石筑成方形或矩形外墙作为整座碉房的围护和稳定结构，室内用木梁、椽子承托楼面和屋顶，木梁之下用木柱支承；每层木柱分位，布置成纵横间距相等的方格，呈棋盘状；上下层柱位相对，形成以梁柱承重的方格柱网；室内分隔墙或用木板，或作井干式墙。墙体建造因地制宜：凡是有石块、石片可用的地方，墙体用片石及碎石垒砌，筑成石碉房；石材缺乏的地区，用黄土夯筑墙身，建成土碉房。碉房外墙向上逐渐收分，因而形成了碉房下大上小的形体。夯土筑墙，略同中原；乱石砌墙，所用石材皆自山坡、崖下收集而来，大小方圆不等，砌墙时石块上下相压，内外搭交，中垫泥浆，外显层次，颇为巧妙。更有能工巧匠者利用石块的不同颜色嵌出种种花纹，更是美观。值得称道的是，藏族砌乱石墙无论多高，都不用外脚手架，"不引绳墨，能使圆如规，方如矩，直如矢"，垂直地表，不稍倾斜（墙内垂直；墙外收分），可谓一绝。

住宅的选址及村落布置，也同样具有高原特点。高原地区雨水稀少，因而河谷平原及近水的山腰台地，便成为建造村镇的地方。高原山地，风多天寒，避风向阳或风小、日照多的山麓、山凹地带，便成为住宅群集的理想之地，并且使得住宅的布置多坐北朝南或向东南，甚至不少住宅采取西北高、东南低的外形，以达到避风、向阳、取暖的目的。农民离不开耕种，因而哪里有耕地，哪里便有住宅群。同时，高原峡谷地带，山多耕地少，因而住宅大多建在耕地的边缘不宜耕种的贫瘠之地，或者是山腰台地的边缘或山麓坡地上，而不少住宅依坡而建，顺着等高线分级筑室。住宅依山就势，自由布置，彼此错落，不相联系，因此一般不能形成街巷，只是少者三五座碉房一组，多者十几座碉房成群，形成了高原峡谷地带独特的村落景观。

六 民居建筑与自然环境和人类社会

从人类走出天然洞穴构筑简单的巢居和挖建原始的穴居开始，居住建筑在伴随着人类改造自然、改造社会的征途上，从遥远的古代走到了今天。同时，居住建筑本身也随着人类历史的发展和社会的进步，走过了由简单到复杂、从生成到发展、由原始到发达的漫长的道路，形成了多种多样的民居建筑，成为中华文明宝库中的宝贵财富。那么，居住建筑发生和发展的内在动力和外部条件是什么？具有地方特色和民族特色的各种民居建筑类型又是怎样形成的？对此，在这里作简单的考察，以求说明自然环境和人类社会在民居建筑发展进程中的作用及相互关系。

自然环境与民居建筑

居住建筑最基本的功能是它的居住功能，即能为人们提供一个可供栖止和休息的场所和空间。人们的栖止和休息是相对静止的，因而可供居住的空间和场所就应当是相对安静、隐蔽和具有防御性的。人类在建造人工住所之前，之所以选择天然洞穴、岩厦等作为居所，就在于它们具有遮风挡雨、躲避虫兽、减轻外界侵袭和干扰之功能，尽管这种功能是低下的。人们从营建第一所人工住所开始，首先解决的是住所抵御风霜雨雪、减轻自然界干扰和侵袭的功能；在居住建筑上万年的发展历程中，它每前进一步都离不开这一基本功能的提高和完善。这就要求居住建筑必须利用自然环境对人们居住的有利因素，最大限度地克服其不利因素，即古人所说的"相视民居，使之得所"（见《周礼·地官》贾公彦疏），于是居住建筑便同自然界紧紧地联系在一起。

中国幅员辽阔，东南滨海，西北伸入大陆。从东海之滨到西北边陲宽约5200公里，包括东部季风区、青藏高寒区和西北干旱区；从南海诸岛到北国边疆长约5500公里，横跨了热带、亚热带、暖温带、中温带、寒温带5个不同的气候区。大自然所赐予人类的自然资源，既丰富多样，又苦乐不均。在这辽阔大地上的居住建筑，就不能不与各地的自然环境相适应。因而，自然环境便成为制约居住建筑的最基本的要素之一，而且愈是在生产力水平低下的古代，其影响力也愈强烈，愈明显。

中国最早出现的地穴式住居和干栏式住居，在地理分布上有着明显的分界。地穴式住居起源并流行于北方地区，但南方地区却迄今未见。这一方面是因为黄土高原那高亢的地势、厚厚的黄土覆盖层为地穴式住居的建造提供了可能；另一方面是地穴式住居冬暖夏凉的性能与北方干燥寒冷的气候特点相适应，能够较好地满足人们抵御风寒的要求。在南方地区，尤其是长江中下游，地势低洼潮湿，湖泊密布，河流如网，高温多雨，气候湿润，因此，立木为柱、架木为屋的干栏式建筑，不仅可以在山脚、河边、湖旁建造，而且可初步满足遮风避雨、防潮防虫兽之害的要求；同时，丘陵山地的林木资源为其提供了必要的建筑材料。正因为如此，干栏式建筑在南方获得了发展，尤其是在华南的热带、亚热带地区，至今仍常见各种形式的干栏式建筑。

民居建筑在发展过程中，同样受到了自然环境，尤其是气候条件的制约和影响，使得各地的民居建筑因气候不同而出现诸多差异。如广泛分布于全国各地并为汉族、满族、白族、彝族、回族等居民所喜爱的木构架合院式住宅，大致以秦岭和淮河一线为界，形成了南北两种不同的风格。长江中下游地区，天井小，围以高墙，以减少太阳的辐射；房屋坡陡，出檐较深，前后开窗，既可遮挡阳光、利于通风，又有利于防雨；围护结构不论空斗墙、木板墙还是木骨泥墙，都较轻薄，尤其是屋顶结构较薄，适合当地温暖的气候。在长城内外及黄河中下游地区，一般天井大，多为南北向矩形平面；房屋围护墙体厚重，屋顶也厚重，外墙一般不开窗，室内多设炕取暖，都与当地干燥寒冷的气候相适应。即使是同一地区、同一民族的住宅，如果气候有别，也同样会产生差异。如居住在中缅边界一带独龙河畔的独龙族人，以架空楼层的干栏式建筑为住居，独龙河北部地势高寒，多建成干栏式结构的木棱房，以利保暖；独龙河南部温暖，竹林繁茂，则相应地建造壁体轻薄的竹篾房（见图45）。可见，不论何

图45　独龙族竹篾房

地何种形式的民居建筑，都具有适应当地气候条件的某些特点。

　　自然环境对民居建筑的制约和影响，还反映在自然地理条件对房屋布置、院落组织、住宅选址、村落布局及某些公共建筑的影响方面。在桂北、湘西、黔东南地区流行的"吊脚楼"式民居，依山傍水而建，前部立柱建成架空的楼层，后部落地并层层凌高，显然与当地山岭起伏、地形复杂、地貌多样的自然地理条件相关。滇池一带多起伏和缓的山地和相对陷落的盆地（俗称"坝子"），少有可供大面积建造住宅的平地，因而"一颗印"住宅为布局紧凑的楼房，且朝向不一。在黄土高原上，靠近沟壑塬边地带多为靠山式窑洞，而塬面宽阔地带因无天然崖壁利用，则多为地坑式窑洞，而且后者的院落要比前者规整。在江南水乡，村寨沿河流而建，住宅沿河流布置，桥作为沟通河流之间住宅的纽带不仅必不可少，而且种类繁多，桥头往往成为公共活动的场所。在华北及东北平原上，即使没有河流，也会有较大的村镇，而且一般村镇中

房屋密集，布置颇有秩序，井干式街道多见，因为平原对村镇布局的限制较小。

居住建筑作为人工构筑物，都是用有关的材料构筑而成的，即使是从建筑材料的削减（挖掉黄土）而开始的地穴式住居——窑洞民居，也离不开借以形成空间的黄土堆积。于是，不同的自然环境所拥有的自然资源为人们进行营建活动所提供的建筑材料的种类和数量不同，直接影响到各地居住建筑的形成和发展，尤其是在生产力低下、交通不发达的情况下更是如此。井干式民居之所以至今仍在东北及西南林区流行，重要的原因在于当地有着丰富的林木资源，而在林木资源匮乏的黄土高原建造这种住居则是不可想象的。在青藏高原上，有丰富的片石和碎石可供采集利用的地方流行石碉房，而在其他地方则建造土碉房。在赣北皖南及江浙一带，不少村镇常用石板铺设街道，而这在华北平原及黄土高原少山缺石地区几乎是不可能的。

然而，人类是不断地由"必然王国"走向"自由王国"的。随着人类历史的发展，社会生产力的提高，科学技术的进步，人类改造自然的能力不断增强，人类对自然界的依赖性便逐渐降低。反映在民居建筑上，一方面是适应不同自然环境的特点更为突出，另一方面则是自然环境的制约和影响程度逐渐减弱。

不同的家庭不同的"家"

家，对每一个人都不陌生，但家是什么？建筑学家说家是建筑，因为有人把建筑比作"居住的机器"或"居住的容器"；而社会学家所说的家是指家庭，是由家庭成员构成的一种社会组织形式，是组成社会的最小的细胞。实际上，家既是物，也是指人。从物的方面来说，家便是供人所组成的家庭居住和使用的建筑物及其空间，简单地说就是住宅，因而人们往往把住宅称作"家"。

住宅既然是供家庭居住和使用的，那么物质的"家"与社会的"家"便密不可分了。相对于社会而言，家庭是一个独立而完整的社会细胞，因而相对于外界来说，住宅便是一个独立和完整的整体。就其内部结构来说，一个家庭是由若干有一定血缘关系的人所组成的，家庭成员之间是既相互联系又相对独立的。这就导致了住宅内部的布置与空间划分既要紧密联系，又要有一定的分隔和独立性。家庭作为一种社会组织形式，是建立在婚姻和血亲基础之上的，而婚姻家庭形态的不同使得家庭成员的构成及对私密性生活的要求不同，于是也就产生了对住宅格局和空间划分的不同要求。同时，住宅的功能并不仅仅在于满足人们的居住需求，而且还要满足人们饮食、婚丧嫁娶、娱乐、交往乃至宗教活动等家庭生活的需求，还要与家庭的经济生活相适应。因此，不同的家庭结构、不同的家庭生活，以及不同的家庭经济形态，便使得住宅的房屋布置、院落组织、空间划分等千差万别。

生活在川滇边界一带高原上的纳西族人，虽然同是以木楞房为住居，但其住宅的结构却因婚姻家庭形态的不同而不同。泸沽湖畔的永定纳西人,家庭结构是以对偶婚——男不娶女不嫁的"阿注"婚为基础的母系大家庭,所生子女归女方家庭抚养,一切财产归大家庭所有,家庭中以年长的妇女持家,没有分家的习惯,一大家人和睦地劳动、生活,一家一般十多人,多者达数十人。与这种婚姻家庭形态相适应,住宅的规模大,房屋多,辅助用房齐全:主房大,进深达10米以上,并分隔成内设火塘的大堂屋、厨房、粮仓、储藏间,以供全家人日常生活、起居及老人和未成年子女居住;卧室数量多,面积小,不设火塘,以供成年妇女夜晚接待"阿注"同居。而宁蒗附近的纳西人,家庭结构为一夫一妻制小家庭,成年男子婚后分家另立门户,因而住宅规模小,房屋少,一般是一正房带一耳房的布置:卧室数量少,但单位面积增大,已不仅仅是用于夜晚住宿;正房进深浅,空间分隔较简单,堂屋面积相应缩小。这种住宅满足了一夫一妻制小家庭的生活之需,与母系大家庭的住宅格局形成鲜明的对比。

婚姻家庭形态处于父系大家庭阶段的家庭,其住宅则具有与这种婚姻家庭形态相适应的特点。西双版纳的哈尼族人,家庭结构是父系家长制大家庭,实行的是男娶女嫁的一夫一妻制婚姻,但已婚兄弟及其子女都在一个大家庭中生活,往往一家数代十几人乃至几十人生活在一起。家庭由父亲或长子任家长,主持全家的生产劳动,实行大家庭整体经济;家务由母亲或长媳负责,众媳妇轮流煮饭,共同饮食。其住宅是由一座大房子和若干小房子组成的"住房群"（见图46）。作为中心房屋的大房子——母房，被称为"拥戈"。大房子分为两半，各自设门，一半是男性成员住处，叫"包楼"，内设供取暖和待客的火塘；另一半为女性成员住处，叫"尤玛"，内设供全家饮食用的火塘，全家集中于此进餐或商议家庭事务。环绕大房子按照家庭中成年男子的数目相应地建造若干小房子——子房，称为"拥扎"，供成年男子寻偶和婚后使用。很显然，这种奇特的住房群是父系大家庭的伴生物。

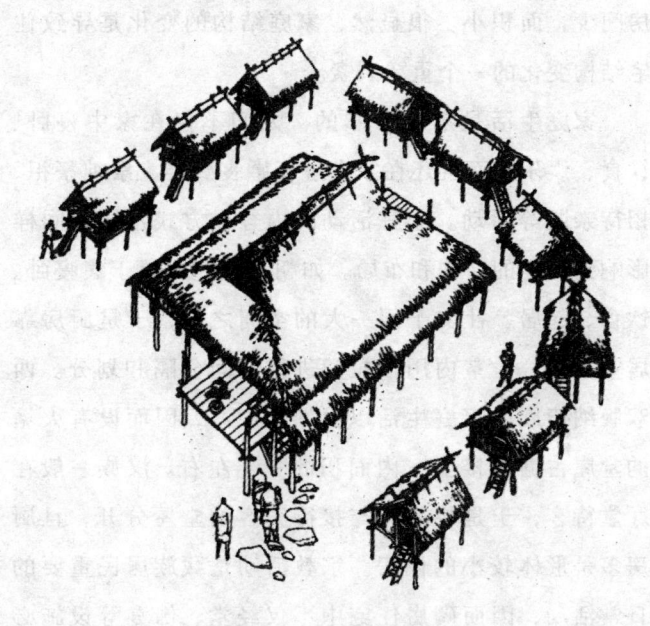

图46 哈尼族住房群

就汉族居民来说，封建社会的家庭结构虽然是以一夫一妻制婚姻为基础的封建家长制家庭，但其中既有一夫一妻制小家庭，也有数代同堂、兄弟共同生活的封建大家庭，还有家长三房四妾、家庭人口众多的富豪显贵家庭。与此相适应，传统的汉族住宅既有简单的横列式宅院、三合院、四合院住宅，又有由若干四合院式单元组成的大型住宅，使汉族住宅本身形成诸多差异。在近代的上海，19世纪末出现的前期石库门里弄民居，与当时常见的数代同堂的大家庭生活相适应，多为三开间一个单元的结构，面积大，房间多；而辛亥革命后，大家庭迅速分解为小家庭，与之相适应出现的后期石库门里弄民居多为单开间一个单元，房间少，面积小。很显然，家庭结构的变化是导致住宅结构变化的一个重要因素。

　　家庭生活是丰富多彩的，人们不仅在家中寝卧、饮食、娱乐，而且还在家中进行婚丧嫁娶、祭神祭祖、招待亲朋等活动。家庭活动的内容和方式不同，同样影响到住宅的结构和布局。如朝鲜族人习惯于集寝卧、饮食、起居、社交于同一大的空间之中，于是厨房靠居室而设，居室内用推拉门进行空间分隔和划分。西双版纳傣族的家庭生活以火塘为中心，因而设有火塘的堂屋占据了楼上室内面积的一半左右。汉族一般在厅堂待客，于是将厨房与接待宾客的堂屋分开，且厨房多是形体较小的偏房。宗教活动是藏族居民重要的日常活动，因而碉房住宅中不仅经堂、佛龛等设施必备，而且装饰华美，成为其特点之一。诸如此类，不胜枚举。

　　家庭经济生活对住宅的布局和结构同样有着直接

的影响，因为住宅不仅要满足家庭成员的生活需求，还必须与家庭的经济生活相适应。譬如，畜牧是青藏高原上重要的经济活动，于是畜厩便成为藏族碉房中的重要组成部分。又如，同是在江南水乡地区，农村住宅往往房前有晒场，房后有后院，以存放农具、饲养家禽；而在城镇中，则常常见到生活与经济活动结合在一起的前店后宅式、下店上宅骑楼式民居等；至于城镇中官僚富商及大地主的大型住宅，由于住宅的使用者或从事非经济生产性活动，或居住生活与经济活动相分离，所以住宅强调的是豪华、舒适，并往往建有花园以供家人游玩和休息。同时，经济生产活动的变化也会导致住宅的变化。如生活在北方草原上的蒙古族居民，从事游牧经济活动之时，以可移动的蒙古包为住居；当发展到农牧兼营或半耕半牧之后，便越来越多地采用固定式房屋建筑了。

不难看出，家庭结构、生活方式及经济活动对住宅的影响是极为明显和具体的，但这只是从宏观上分析。如果从微观上分析，各个家庭之间在人口数量、经济状况、家庭成员的构成等方面的差异也无一不对住宅产生影响。

3 社会的产物离不开社会

民居建筑是由人建造、供家庭居住和使用的，因此可以说，民居建筑是社会的产物。它伴随着人类的进化而产生，伴随着人类社会的进步而发展。民居建筑被深深地打上了时代的烙印,从它的发展可以看到社会进步的影子。

西安半坡和临潼姜寨,是仰韶文化时期有代表性的聚落遗址,向人们展示了母系氏族公社制社会的居住情景。几个有一定血缘关系的氏族聚居在一起形成聚落,聚落周围绕以防御性壕沟,而聚落内各氏族有各自的居住区,形成与氏族数目相等的住宅群。各住宅群均由一座大房子和若干小房子组成,并环绕聚落的中心广场作向心式布局,显示出各住宅群所代表的血缘集团之间有一定的血缘关系,而各血缘集团内部成员之间的血缘关系更加密切。以制陶业为代表的手工业生产区多单独成区而与居住区分开,表明它隶属于聚落所代表的血缘集团;有的将窑场设在居住区内,显示出它隶属于住居群所代表的血缘集团。储藏设施设在居住区内,但却与居住区相对独立地成区、成群或成组地存在,显然不是属于各个体住居而是属于各住居群,说明储藏物在一定血缘集团内的原始共产主义性质。这些都是由当时氏族公社制下一个血缘集团内部的人们共同生产、共同消费的生产和生活方式所决定的。正因为如此,住居群内部各住居并没有根本性的差别。但是,这种情形进入阶级社会后便不复存在了。

在阶级社会中,阶级差别和贫富差别,是导致同一时期同一地区存在不同居住类型的重要因素之一。正如我们在追溯商周时期居住建筑的历史时所谈到的那样,少数统治者和贵族居住在高敞的高台建筑中,而广大奴隶和平民则以简陋的地穴为家。西汉前期，封建经济和工商业的高速发展，促进了城市的繁荣，导致了大地主、大商人的产生。他们霸占山林，强占田宅，到西汉末期形成了豪强地主。进入东汉以后，在封建王朝的扶植下，豪强地主经济得到巩固和发展，"连栋数百、膏田满野"的豪强地主庄园在各地出现。大批破产农民沦为庄园的奴婢、佃户和部曲。庄园之中除经营农业外，畜牧养殖、果蔬桑麻、煮盐酿酒、百工技艺，无所不有，俨然是一个独立王国。随着豪强势力的发展，土地兼并日益严重，阶级矛盾日趋尖锐，于是不少庄园把一部分依附农民武装起来，并在庄园中构筑防御工事。正是在这样的历史条件下，出现了如河北安平东汉墓中所绘的栋宇并立、院落毗连、高耸的望楼上悬旗置鼓、戒备森严的庄园住宅，以及广州东汉墓住宅模型所示的四周高墙环绕、四隅建有角楼、前后大门有人把守的坞堡建筑。藏族的碉房梁枋不出头，屋顶出檐短，住宅入口门小、板厚、低矮，防御功能突出，与封建农奴制度下社会上常常发生械斗，动辄焚毁房屋等社会状况不无关系。闽西客家土楼给人最深的印象是雄浑、封闭，防御性特别强，那是因为当地山高林密，常有盗匪出没，而且土、客居民之间经常发生争斗，因此以安全防范为首要原则的土楼便应运而生并发展起来。

社会历史是不断向前发展的，人们对居住建筑也不断地提出新的要求，而这些需求的满足则依赖于社会生产力的提高和整个社会经济的发展，尤其是建筑技术水平和建筑材料的开发和利用。在史前时期,当技术能力还不足以构筑成稳固的墙体时,人们只能用石斧、石铲等简陋的工具挖地为穴,形成足够的空间,于是导致了地穴式、半地穴式住居的长期流行;木骨泥墙和木构架技术的初步形成,导致了地面住居建筑的出现,而土坯墙、夯土墙建造技术的生成,才使得地面住居的大规模建造成为可能。高台建筑与夯筑技术的关系则是显而易见的。龙山时代凿井技术的发明,人们"凿坠而入井,抱瓮而出灌"之生活的开始,使村落的选址不再局限于"缘水而居",远离河水的地方也出现了村落。砖瓦的发明和利用,不仅延长了房屋的使用寿命,而且大大地改变了房屋的外观。20世纪初,随着大批大规格的美松倾销上海,石库门里弄民居原来的立帖式构架遂被豪氏桁架所代替,立柱相应地减少。总之,建筑技术和建筑材料每发展一步,都会对居住建筑的结构、形制及建造产生影响。这些还仅仅是社会生产力直接影响居住建筑的某些方面,实际上,社会生产力和整个社会经济的每一发展,都或多或少、或直接或间接地影响到民居建筑。

在人类历史发展的长河中,人群的移动和交往,往往成为不同地区间文化传播、交流和影响的一个重要形式,也是民居建筑不断发展变化的一个重要社会因素。像日本古代的"高床式住居",就是源于古代华南地区的干栏式建筑,尽管历史学家对其传播的路线尚未形成一致的看法。云南地区的汉式木构架、土坯墙、瓦顶民居建筑,与战国时期楚将庄跻率兵入滇及以后大批中原汉人带去中原地区的建筑技术和居住文化有着密切的关系，尤其是洱海周围地区木构架庭院式住宅的发展，更是与唐代南诏崛起以后从滇池地区强迫迁徙20万户、从成都一带掳去各类工匠数万人分不开的。台湾高山族的住宅，主要是用竹、木、茅草、树叶、皮革及板岩等建筑材料建造的干栏式建筑。17世纪以后数以万计的闽粤居民自大陆迁到台湾，木构架庭院式住宅建筑才传入台湾并发展起来，使台湾民居与闽粤民居呈现出相当的一致性，尤其是豪族士绅的住宅，几乎全部仿自闽粤汉族士绅府第。旅居世界各地的华侨回到祖国，不仅带回了外国的居住文化，而且带回了国外的居住建筑设计参考图纸，因而他们在家乡建造的住宅不仅承袭了当地的住宅传统，同时也采用了某些外国建筑的形式和构件，创造了融外国建筑风格于中国传统民居建筑之中的侨乡民居。可以设想，随着人群移动所形成的文化交流的不断增强，不同地区间居住建筑不论在形式上，还是在内涵上的相互影响亦将不断增强。

4. 观念形态的物质表现

马克思主义者认为，世界是物质的世界，人的意识是客观物质世界的反映，即存在决定意识。但马克思主义者同时还认为，人的意识并不是消极的、被动的，而是具有相对独立性的，并且在一定条件下能够反过来对物质世界的发展进程起巨大的推动作用。人类在童年时代漫长的生活实践中产生了居住意识,并在居住意识的支配下开始了人工住所的建造。居住建筑作为人工营建物,是在人们意识的支配下建造的,因而它便成为人们观念形态的物质表现形式之一。

人工住所出现之初,人们的居住观念还仅仅停留在遮风避雨、躲避虫兽、栖止休息这样的水平上,因而当时的住居不仅因生产力水平的低下而结构简单,而且功能也简单。随着居住生活的发展,人们的居住观念进一步复杂起来,尤其是性生活私密性观念的增强,导致了隐秘空间的产生和室内空间的分隔。在母系氏族公社制时期,血缘关系是维系人类集团的唯一纽带,因而在血缘观念的支配下,形成了有密切血缘关系的人们的住居作向心式布局的聚落形态。私有制产生以后,在私有观念的支配下,储藏物品的窖穴便开始设在各自的住房近旁或室内了。几千年来,在宗法、宗族观念的支配下,同宗人聚族而居,成为中国居住文化的一个重要特征。

中国汉族的传统住宅是在以宗法制为基础的封建社会中发展起来的,因而深受儒家伦理道德观念的影响。儒家伦理提倡中庸之道、长幼有序、男尊女卑、内外有别的道德观念,把数代同堂的大家庭生活作为家庭兴旺的标志。因此,住宅设计不仅要对内满足生活和生产的需要,对外采取防止干扰的做法,实行自我封闭,而且要充分体现儒家学说所提倡的道德观念。合院式住宅采取按中轴线左右对称布置房屋的格局,中轴线上的房屋为长者居住使用,而小辈、下人等只能住在厢房及倒座中；正房和厢房在房屋形体、尺度及装修上都表现出长幼、尊卑之别；深宅大院往往一重一门，内外有别、尊卑有序尽显其中。像苏州城内富郎中巷的陈宅，采用三落五进的布局，长辈和家长使用的主落居中，设住宅大门，边落不设直接面向街道的出入口，要进入这个大家庭任何人都必须通过正落的入口，以体现举宅一家、不能另立门户的观念；边落的建筑无论开间的面阔还是总的间数等各方面都比正落要小，更加突出了正落及中央轴线的中心地位，以示主次有别。北京四合院的布局同样也是如此。从艺术的角度来观察汉族的传统民居，在构图上是强调平衡、匀称、协调的平衡美与和谐美，在节奏上偏重于含蓄、平缓、深沉、连贯与流畅，很少大起大落，生活于其间顿生悠闲自然之感，同样是儒家人生哲学讲究中庸、平和、规矩、有序的反映。

古人认为，物质世界是由水、火、土、金、木这5种基本物质构成的，而它们又各有不同的基本属性，这五行的盛衰决定春夏秋冬的变化。同时，阴阳学家把天地、日月、昼夜、阴晴、寒暑、水火、男女等自然矛盾现象概括为阴阳范畴，认为事物运动变化取决于阴阳二气的消长。而以阴阳五行学说为基础形成的风水观念，对民居建筑的选址择向、平面布局及空间组织产生了直接而又具体的影响。如风水观念认为，山是地气的外在表现，气的外来取决于水的引导，气的始终取决于水的限制，气的聚散则取决于风的缓急，因而山水聚会、藏风得水之地便成为理想的宅第。宅基地的选择，平原地带要重于水的丰沛畅流，高地以得水为美；山地丘陵则应重于气脉，以宽广平整为宜。汉族传统的三合院、四合院式庭院住宅，主要建筑坐北朝南，外墙封闭，四周设置房屋，前低后高，中间空虚，构成了中心藏风聚气的阴阳和谐的建筑空间。在八卦中，南为乾卦，乾为天；北为坤卦，坤为地。因此，正房坐北朝南，以应天地定位。北京四合院的大门最好设在东南，以应"山泽通气"，千万不可设在西南凶方，因为东南为兑卦，兑象泽；西南为巽卦，巽象风。而在安徽黟县，民居建筑都不是坐北朝南，而是坐西朝东或坐南朝北，其原因在于当地认为黟县人发祥的"龙脉"起于西北，住宅坐北朝南与龙脉相克，就会"三代当绝后"。历史上多次由中原南迁入闽粤赣的客家人一向风水观念浓厚，重于"天人感应"，利用天干地支、八卦和五行相生相克的风水学说，将自然环境中的山峦分为24个不同朝向，不同年份所建房屋的位置和朝向都有不同的讲究，并一定要按不同的方位建造，尤其是居室后部必须有山作为依托之物，有山靠山，无山靠岗，或借远山，以便上应苍天，下合大地。于是客家住宅或依山，或靠岗，朝向各异，成为客家住宅的一个突出特点。

　　风俗习惯也是一种观念形态，在民居建筑上同样强烈地反映了出来。如在皖南地区，房屋大门忌面对烟囱，四面房屋的小天井之设则是图"财不外流"的吉利。大理一带有"正房要有靠山，才能做得起人家"之说，于是白族住宅最忌房屋主轴线正对山沟和空旷之处。贵州苗家人认为，住房象征男性，圆仓象征女性，因此要在住房不远处建造圆仓以储存粮食，但圆仓一般要建造在比住房低矮的地方。在海南省黎族聚居区，传统住宅是林木和茅草建造的"船形屋"。按黎族习惯，一对夫妻一间船形屋，女孩长到15岁左右便不能与父母同屋就寝，要住到父母船形屋旁边另建的小"寮房"——"笼闺"中，以便夜晚与血缘相异、情投意合的男青年谈情说爱；房屋的木梁常选用荔枝、黑墨树材，象征居住者会多生男孩；屋顶茅草要选用新长出来的，以求新居吉利。在青海东北部的土族聚居的地方，到处树木葱茏，村庄、山冈掩映在绿树之中，即使在夏天也风清气爽，暑气全无，这是因为土族居民有着"植树甚于生育"的风尚。在贵州南部的布依族村镇中，房屋的开间或三或五，而不见四间者，是因为布依族人有"好汉不坐四间房"之风俗。就风俗习惯而论，其中既有对自然世界的迷信，又有对美好生活的向往；既有各种各样的生活禁忌，又有相沿成习的民习民风。扬良风，弃陋习，对于发展健康的居住文化，将会起到潜移默化的作用。

居住建筑反作用于自然环境和人类社会

在居住建筑与自然环境和人类社会的关系中，后两者直接或间接地促进或制约了前者的形成和发展，使得居住建筑具有明显的时代特征、地域特点、民族风格和人文风貌。这里同样需要说明的是，一定的居住建筑还会以一定的方式反作用于自然环境和人类社会。

居住建筑的出现，极大地改善了人类的居住条件和生存环境，使定居生活得以实现，从而把人们的活动空间相对永久性地限制在了一定的地域范围内。这就要求人们加强对原始农耕的经营，从而促进了原始农业的发展。定居生活、原始农业的发展，使原始手工业的进一步发展成为可能。人类居住条件的改善和社会生产力水平的提高，妇女的生育能力增强，成年男子外出的机会和时间减少，因而增加了妇女妊娠的可能性，使人口的增长大大加快；同时，定居村落的出现，居住场所的固定化，既增强了同一地域内人们的交往和联系，又不可避免地加剧了同一地域内人类集团的摩擦，从而促使社会组织形式向更高的阶段发展。因此，居住建筑的出现，不能不说是人类发展史上的一个大事件。正因为如此，人类学家把永久性住所的出现和定居生活的形成，作为人类社会进入新石器时代的主要标志之一。

居住建筑的出现和发展，对人类历史的进步确实有着巨大的功绩，但它对自然环境的干预和破坏从其一出现也就开始了。黄土高原地带的地穴式住居和窑洞民居的建造，使原本就已存在的风霜雨雪对高原的侵蚀大大加快，是造成黄土高原水土流失严重的重要因素之一。干栏式、井干式建筑及木构架建筑的建造，不得不大量砍伐林木，极大地改变了原有的植被结构，或使有的地区林木资源枯竭，或使得有些地区出现草原化乃至沙漠化，随之而来的是动物资源的减少、地表土的流失及蓄水能力的降低。水土的流失，造成雨水流泄过快，使河谷地带洪水灾害频繁发生。居住建筑的发展，使大量人口集中于一地形成人口高度密集的大城市成为可能，而城市中住宅的增加、人口密度的增大、绿地的减少、生活垃圾的积聚，使城市环境恶化，尤其是空气污染加剧。人口的增多、人均居住面积的增加，以及居住设施的复杂化而引发的居住地的扩大，大批耕田被占用，农田面积日益减少。凡此种种，只是居住建筑对自然环境直接影响的某些方面，至于因居住建筑的产生和发展促进社会发展所产生的对自然环境的影响更是多方面的、复杂的。即使如此，人类不会、也不可能因噎废食，放弃居住建筑，反而要大力发展居住建筑，以创造更好、更舒适的居住生活条件。人类所面临的任务是，既要发展居住建筑，又要保护好自然环境。这是人类生存和发展的需要。

居住建筑对人类社会生活及观念的影响同样是多方面的、复杂的。室内空间的分隔，使居寝空间从其他活动空间中独立出来成为可能，从而导致了家庭成员之间私密性生活观念的产生。多室房屋的出现以及一院多幢房屋的住宅的形成，使夫妻与子女之间、兄弟姐妹之间的分室居住成为可能，从而一方面使人们对性的认识逐步神秘化，一方面使家庭成员间的交往减少，自我观念增强。封闭型独家院落的形成，虽然加强了家庭内部成员之间的交往，但却大大减少了家庭与家庭之间的往来、关注和相互了解。封建大家庭的深宅大院，有力地维护了封建大家庭的内部秩序。有些少数民族的住居对内对外皆取开敞型，人与人之间的关系密切，居民常常热情好客、乐于助人；独门独户院落式住宅的居民，人与人之间的关系相对不那么紧密，对他人的关注和关心相对减少，有的甚至是"鸡犬之声相闻，老死不相往来"。很明显，居住环境对人与人之间的相互关系有着潜移默化的影响。居住建筑从开敞型向封闭型发展虽然是发展趋势，但在发展封闭型住居的同时，还应开辟居民公用的活动空间或半开敞型空间，以促进人际交往和人际关系的良性发展。

七　民居建筑的传统与未来

　　人类生存需要住，住就离不开居住设施和居住建筑。因此，居住建筑自诞生的那一天起，便与人类结下了不解之缘。在传统建筑中，那金碧辉煌的宫殿、庄严肃穆的庙宇等的确令人叹为观止，但数量最为庞大、与人们日常生活关系最为密切的还是民居建筑。实际上，各种房屋建筑都是从居住建筑发源的，都是在居住建筑的基础上发展起来的。民居建筑作为传统建筑的一个重要组成部分，为整个传统建筑的发展作出了重大贡献。如果说宫殿、庙宇等是传统建筑这个森林中的参天大树，那么民居建筑便是这个大森林中的茫茫丛林。因此，认真总结和认识民居建筑的特点和优良传统，可以使我们更全面地了解中国传统建筑的发生和发展，同时还可以启发人们如何进行现代住宅的建设。

1　鲜明的特色

　　民居建筑属于传统建筑，因而民居建筑的特点也就包含于传统建筑的基本特点之中。但民居建筑仅仅是传统建筑的一部分,民居建筑本身具有许多既不同于宫殿、衙署等官式建筑,又有别于寺院、道观等宗教建筑的鲜明特点。

首先,民居建筑在建筑构造上有明显的多样性。从房屋建筑来看,虽然以汉族传统住宅为代表的木构架土(砖、石)木混合结构的房屋分布广、数量大、形式多变,但又并不仅限于此。以傣族竹楼为代表的干栏式建筑和以普米族木棱房为代表的井干式建筑,可以不用一砖一瓦,可谓"一把斧头一把锯的建筑";黄土高原的窑洞民居,则是以削减建筑材料——黄土的方式建造的住居,不用一草一木即可建成,可谓"一把镢头的建筑";以北方草原蒙古包为代表的帐篷式住居,材料轻便,易于拆装,则是"可移动的房屋";以维吾尔族的"阿以旺"住宅为代表的密肋平顶式住居,墙体既有围护功能,又要承负屋顶的载荷,显然自成一个体系。就汉族传统房屋的木构架土(砖、石)木混合结构来说,由于承重结构与围护结构明确分工,墙体不承负屋顶载荷,因而具有"墙倒屋不塌"的特点,赋予建筑物以极大的灵活性和适应性,因而为官式建筑广泛采用。然而,其结构和形式也并不限于所谓的"大屋顶、琉璃瓦"。在木构架形式上,有抬梁式、穿斗式及抬梁穿斗式;墙体的建造最初是木骨泥墙及垛泥墙,后来逐步出现了土坯墙、夯土墙、石墙、砖墙、木板墙及钢筋混凝土墙等;屋顶构造既有常见的两面坡式,又有平顶、单面坡、四面坡等,既有悬山式、歇山式、硬山式，又有各种各样的封火山墙，有瓦顶，也有草顶、泥顶、石板顶、木板顶等；既有平房，又有多层楼房。也就是说，民居建筑由于出自民众，用于民众，受"法式"、"则例"等国家建筑规范的制约较少，表现出的多样性是官式建筑难以比拟的。

其次，民居建筑在空间组织上的灵活性和内向性。居住建筑的本质，是空间的创造和组织；居住建筑由简单到复杂的发展，也可以说是由多功能综合空间不断向单功能多空间组合的发展；任何一种民居建筑，无不在其空间组织上表现出其个性和特点。傣族竹楼之类的民居，以单幢竹楼为中心组织院落，通过竹楼内部空间的分隔组织空间。藏族碉楼之类的民居，以碉楼为主体，通过楼内空间的分隔和多层空间的重叠进行空间组织，形成横向和竖向相结合的空间序列。维吾尔族"阿以旺"式住宅，房屋连体建造，通过内部空间的多重分隔组织空间，形成多室连通的空间序列。蒙古包所代表的毡帐式住居，室内不作空间分隔，通过增加蒙古包的数量进行空间组织，形成各空间相对独立的空间序列。窑洞式住居，通过在院子周围挖建多孔窑洞形成以院落为纽带的空间序列。汉族传统的庭院式住宅，以院落为中心配置多幢房屋，同时对室内空间进行并列分隔，形成既相互联系又各自独立的空间序列。庭院内的房屋配置，采用单列式、曲尺形、三合式、四合式等不同形式，形成灵活多样的空间序列。多重院落的深宅大院，将多个三合院相连建造，形成"庭院深深深几许"的空间序列。正因为如此，汉族传统的庭院式住宅，强调的是建筑的群体而不是建筑单体，庭院成为空间组织的核心，空间组织的内向性尤为突出。住宅中的各幢房屋相对独立，形成各自独立的内向性空间；住宅周围绕以院墙，形成一个各种房屋以院落为中心的内向性空间；不少村寨建有寨墙，即使不建寨墙也设有寨门，整个村寨便形成一个相对独立的内向性空间。各种独立的内向性空间，通过庭院、街道等过渡性空间有机地联系在一起。

最后，民居建筑在艺术处理上的丰富多彩。建筑是艺术，而且是融形体艺术、构图艺术、空间艺术、色彩艺术、装饰艺术于一体的艺术实体。民居建筑与人们日常生活的关系至为紧密，人们不仅要求住宅实用，而且要求住宅美、居住环境美。于是，人们对美的追求，在居住建筑上得到了充分的体现。由于人们的审美观念不同，各种民居建筑的特点不同，各地自然环境不同，于是各地民居建筑的艺术处理表现得丰富多彩，所产生的艺术效果也各有千秋。北方草原的蒙古包，圆形的平面，圆形的包顶，白色的毛毡，似乎过于单调，但通过对包顶和包门进行重点装饰，加上包顶和四周的褐色毛绳所形成的线条，使蒙古包淡雅中透着庄重，简洁中富有层次。朝鲜族民居，屋顶和缓，屋身平矮，但配以窄长的门窗，使房屋顿生高起之势。傣族竹楼，上为轮廓丰富的歇山式屋顶，下为开敞的柱林，两者形成强烈的虚实对比，潇洒而飘逸。藏族碉楼，雄浑粗犷，单调的墙面上配以带出檐的窗户和楼层出挑，与大面积厚重的墙体形成对比，使碉楼稳重之中又富于变化。维吾尔族住宅外观朴实无华，而内部陈设和装饰华美怡人，成为维吾尔族民居的艺术特色。汉族传统的木构架庭院式民居，将高度不等、体量有别的房屋配置在一起，主次分明，错落有致，步入其间，步移景异；院内的花墙、门窗的棂格、室内灵活可变的隔扇，使不同的空间既隔又通，虚实相生。江南水乡民居，清水砖墙，保留木质原色的木构件，显示出朴实淡雅之美。徽派民居中丰富多彩的木雕、砖雕和石雕交相辉映，显示出精雕细刻之美。白族民居那精美的门楼、绚丽的照壁、多彩的山墙，表现出装饰华丽之美。北京的四合院，布局方正，结构严谨，显示出高雅庄重之美。很显然，民居建筑丰富多彩的艺术处理，以及所产生的艺术效果，与追求雄伟壮观、金碧辉煌的宫殿建筑及追求庄重、神秘、肃穆的宗教建筑，在艺术处理上是大相径庭的。

优良的传统

中国的民居建筑在长期的发展过程中，不仅取得了辉煌的成就，而且形成了一系列优良传统，值得认真总结和借鉴。其优良传统，概括地讲主要有以下几个方面。

（1）因地制宜，因材致用。各地的民居建筑之所以各有其特点，重要原因之一在于它们是利用当地的建筑材料、与当地自然环境相结合而建造的。也正因为如此，它们才具有强大的生命力。黄土地带的窑洞民居是如此，亚热带雨林中的傣族竹楼也是如此。正因为因地制宜，才能尽可能满足人们在当地自然环境中生活的需要；正因为因材致用，才使得各地民居的大量建造成为可能。东北地区的民居多设火炕，而新疆维吾尔族住宅中往往把厕所设在屋顶，这在当地是很适宜的，但在其他地区则行不通。当然，随着人类战胜自然界能力的提高，自然环境和自然资源对居住建筑的制约和影响将有所减弱，但违背当地自然条件，不利用当地建筑材料的民间住宅建筑，是缺乏生命力的。

（2）与家庭结构及经济生活相适应。民居建筑发展的历史告诉我们，家庭结构及经济生活的变化，往往引起住宅的变化；家庭结构及经济生活的不同，会使同一时期同一地区产生不同结构的住宅。永宁纳西族院落大、正房宽敞、房屋多的住宅格局，适应了当地居民对偶婚母系大家庭和小农经济生活；西双版纳哈尼族奇特的"住房群"，是与他们父系家长制大家庭相适应而存在的；北京城里的深宅大院，则是封建制大家庭的产物。在北方草原，蒙古族居民中从事游牧者以蒙古包为住居，而从事农耕者则建造固定式房屋。在江南水乡，城镇中从事工商业的居民住宅，往往作前店后宅或下店上宅式结构，而乡村中农民的住宅则设前后院落。总之，住宅不与家庭结构及经济生活相适应，就无法满足人们日常生活的需要。

（3）继承、借鉴与创新。民居建筑发展的历史进程反映出，任何一个时代的民居建筑都有其显著的时代特征，同时又可以看到它前一个时代民居建筑的影子；任何一个地区的民居建筑，都有其突出的地方特色，但同时又包含相邻地区民居建筑的某些因素。这就说明民居建筑是在继承传统的基础上有所借鉴、不断创新的过程中逐渐发展和完善的。如陕北的拱券式窑洞，是在继承当地传统的生土窑洞的基础上借鉴地面房屋建筑而形成的；粤中地区的楼式侨乡民居，是以当地传统的三间两廊式住宅为基础，又吸收了中亚及欧洲国家建筑的某些因素而产生的。在继承中创新，在借鉴中发展，是民居建筑发展的一条成功的经验。

（4）实用性与经济性的统一。民居建筑能满足人们的居住要求和家庭生活的需求，而民居建筑的建造又需要一定的经济技术条件和物质基础。在需求与条件这一矛盾中，条件往往滞后于需求，尤其是历史上的民居建筑，是私有制条件下一家一户的建筑，不仅受到整个社会经济技术条件的制约，而且更受到家庭经济条件的限制。这就要求人们充分发挥现有条件，以最大限度地满足居住的要求，这也正是民居建筑千姿百态、千差万别的一个重要原因。寒冷地带，采用地炕取暖；湿热地区，力求房屋通透以通风散热；江南水乡城镇，常用出挑、枕流等方式争取空间；亭台楼阁高雅、华丽、舒适，乡村茅舍也简朴、自然、亲切。实用性与经济性在民居建筑上得到了有效的统一。

（5）功能与艺术的统一。追求美，是人类的特征之一，而建筑本身又具有艺术特征。因此，人们在居住建筑上倾注了对美的追求,追求美的造型、美的布局、美的空间、美的装饰、美的色彩,并将对美的追求和艺术处理与其功能有机地结合在一起。屋宇高矮搭配,错落有致,也有利于通风采光。游廊穿插,使方正的庭院回味无穷,同时又可使行者晴天遮阳,雨天挡雨。深宅大院之中设一花园,使呆板、严肃的大院生机顿起,又可供家庭成员休息之用。墙壁粉白,洁净淡雅,同时又加固了墙面;窗檐凸出,使平淡的墙面顿生活泼之感,同时又可防止雨水对窗户的侵蚀。南方民居中那形式多样、造型别致的封火山墙,高低起伏,线条优美,成为南方民居的一大特色,但它是因防火之需而设、经过艺术加工而成的。即使是某些装饰性极强的建筑装饰,也往往是在实用构建设备的基础上加以美化而发展起来的。柱础是防止柱脚腐烂的构件,成为石雕的重点;窗棂、雀替等都是必备的木构件,成为木雕的集中之处。当然,由于建筑结构和技术的改变,某些流传下来的装饰已失去了其原有的实用价值而成为纯装饰性构件,但最初的作用往往是与结构功能连在一起的。

(6)环境、建筑与人的统一。在环境、建筑、人这三者之间,人是关键,是核心;自然环境是客观存在的,既服务和影响着人类,又被人类所改造;建筑是人所建造的,它所形成的建筑环境对自然环境和人直接产生着影响。因此,环境、建筑与人的统一,就是要使建筑与自然有机地结合在一起,以便最大限度地为人类服务。古代中国与西方的一个显著不同在于,中国人讲究最大限度地结合自然，融入于自然之中。民居建筑更是这样。在村落的选址上，水旁台地，既便于生活生产用水，又可避洪水之患；背山向阳，可以充分利用日照资源，遮挡寒风，减轻潮湿；农耕地的边缘，便于农业耕作，同时也节省可耕地。在村落布局上，一般没有统一的规划，但顺山就势，疏密得当，街巷尺度合理；不拘泥于一定的规制和模式，强调人、建筑与环境的对话。在空间组织上，强调过渡性空间的运用，通过院落把住房与街道联系在一起；通过街巷，将住宅与村外联系在一起；通过循序渐进的空间序列达到人与外部世界的沟通和结合。在住宅布局和房屋建造上，不追求大尺度，而讲究与人体及人的活动相适应，追求的是含蓄、动与静、开与合的统一。在人工环境的营造上，注重内外有别：房屋及住宅外观力求简朴，不论在质感还是在色彩上力求与自然环境协调一致，加以房前屋后、村内村外广植树木，使建筑与自然浑然一体；但在住宅内部，尤其是房屋内部，精心装饰，无论是空间陈设还是色彩的运用，力求营造出适合人类室内活动、休息的柔和的环境。正是这一系列追求和探索，使民居建筑在环境、建筑与人的统一上达到了相当的高度。

走向未来

居住建筑伴随着人类走过了漫长的历史道路，还将伴随着人类走向遥远的未来。这里要说的未来，一方面是传统民居建筑的未来，另一方面是未来的居住建筑。

传统的民居建筑在漫长的发展进程中，取得了辉煌的成就，形成了优良的传统，在人类历史的舞台上表演得有声有色。但是，传统的民居建筑毕竟是历史的产物，随着时代的发展，它必将被新时代的居住建筑所代替。我们对待传统民居建筑的态度，应当是顺其自然，开发利用。

所谓顺其自然，就是要让遗留下来的所有传统民居充分发挥其功能之后自然地退出历史舞台。之所以有大量传统民居遗留至今，就在于它们仍有一定的实用价值，而且至今仍在为人们服务；之所以现在农村住宅仍经常采用传统的手法、传统的形式建造，重要的原因之一在于有些传统的形式仍然能够满足当今人们生活的需求。原有的民居建筑当不再具有实用价值或不再能与人们的家庭生活相适应时，它便到了寿终正寝之日；当传统形式与现实生活相悖之时，它就到了被抛弃之日。但需要说明的是，顺其自然并不是任其自然。就民居建筑的传统形式来说，既要继承其精华，又要摈弃其糟粕，更要有所创新，以使现代乡村住宅适应新时代的要求。

所谓开发利用，就是对原有的民居建筑或建筑群体，要选其精品，加以保护，进行开发，使其作为历史文化遗产继续为人类服务。民居建筑作为历史的产物，从一个侧面记录了当时的历史，尤其是其中的佳作，更是珍贵的历史文化遗产，它像历史教科书的一章，向人们讲述那逝去的过去。另一方面，在保护的同时对其加以科学研究，使人们从历史的发展中不断加深对居住建筑发展规律的认识，以利于今天和明天的住宅建设。

至于未来的居住建筑究竟是什么样子，谁也难以一下子就描绘出来，但通过历史的比较和现实的分析，或许会看到它的影子。

今天的中国，社会制度已从封建社会发展到了社会主义社会，人民大众成了国家的主人；社会经济已由半封建半殖民地的农业私有经济转变成为以农业为基础、工业为主导的社会主义公有经济。与之相适应，不论城市还是乡村，住宅建设不再是自由发展，而是具有相当的计划性和规划性；大批人口从农业中脱离出来，从事工业、商业、服务业等非农业活动及文化活动，他们的住宅不再具有经济活动的功能。随着社会的进步，人们社会活动的增加，人们在家庭中的时间有所减少；社会公共设施的增多，使某些原来在家庭中举行的活动转移到了社会上；家务劳动的社会化，使在住宅中进行的家务劳动减少。这些变化都使住宅在使用功能的范围上有所缩小。但是，随着人们物质生活和精神生活水平的不断提高，人们对居住生活和家庭生活的质量要求却大大增强。近百年来，人口成倍地增长，人均土地拥有量大大下降；家庭结构已由封建制大家庭演变为核心小家庭，家庭数量成倍地增多。随着科学技术的不断发展，建筑设计和施工水平突飞猛进，人工建筑材料的开发和生产日新月异，建筑材料的远距离运输已成为现实。信息时代的到来，信息的远距离、高速度传播成为可能，地球正在大大地"缩小"。随着人类科学文化知识水平的提高，人们对自然环境的认识、对人类历史的认识、对人类自身的认识都在不断深化。总之，人类对居住建筑提出了新的更高的要求，同时人类也具有建造现代高质量住宅的能力。

正是基于对社会历史巨变的认识，预测未来住宅的发展趋势或许是：建筑结构和建筑材料的一致性增强，建筑类型仍然是多元化；住宅的地区性有所减弱，但住宅单体的个性得到发展；住宅之间质量和规模上的差别缩小，小型住宅的比重增大；庭院式住宅减少，集居式住宅相应增加；住宅使用功能的范围缩小，而与居住生活相关的功能得到强化；住宅内空间的分隔灵活多样，各空间的使用趋向单一化；城镇的分布将形成大分散小集中的格局，城镇更多地将是沿交通干线作带状布局。

若干年之后再到祖国各地旅行，我们将会看到，一幢幢高楼拔地而起，一座座住宅相连成片，别致的造型，斑斓的色彩，把城市和乡村装扮得如诗如画。

若干年之后再到祖国各地去旅行，我们将会看到，在现代化住宅之间，偶有一两座传统民居静静地矗立在那里，是那样的朴素、淡雅，在现代化住宅群中更显得别致、飘逸。步入其间，仿佛把人们带回到那逝去的过去，更使人们感受到时代在前进，社会在发展，激励人们去创造更加灿烂的居住文化，去建设更加美好的未来。

参考书目

1. 刘敦桢主编《中国古代建筑史》，中国建筑工业出版社，1984。
2. 陆元鼎、杨谷生主编《中国美术全集·建筑艺术编》，中国建筑工业出版社，1988。
3. 刘致平著、王其明增补《中国居住建筑简史》，中国建筑工业出版社，1990。
4. 陈从周、潘洪萱、路秉杰著《中国民居》，学林出版社，1993。
5. 杨鸿勋著《建筑考古学论文集》，文物出版社，1987。
6. 陆元鼎主编《中国传统民居与文化》第一辑至第四辑，中国建筑工业出版社，1991~1996。
7. 中国建筑工业出版社编：《中国古建筑大系》，中国建筑工业出版社，1993。
8. 汪之力主编《中国传统民居建筑》，山东科学技术出版社，1994。
9. 有关民居调查研究报告，如《吉林民居》、《窑洞民居》、《陕西民居》、《新疆民居》、《苏州民居》、

《浙江民居》、《上海里弄民居》、《福建民居》、《广东民居》、《云南民居》、《云南民居续篇》、《四川藏族住宅》、《西藏建筑》等。

《中国史话》总目录

系列名	序号	书名	作者	
物质文明系列（10种）	1	农业科技史话	李根蟠	
	2	水利史话	郭松义	
	3	蚕桑丝绸史话	刘克祥	
	4	棉麻纺织史话	刘克祥	
	5	火器史话	王育成	
	6	造纸史话	张大伟	曹江红
	7	印刷史话	罗仲辉	
	8	矿冶史话	唐际根	
	9	医学史话	朱建平	黄 健
	10	计量史话	关增建	
物化历史系列（28种）	11	长江史话	卫家雄	华林甫
	12	黄河史话	辛德勇	
	13	运河史话	付崇兰	
	14	长城史话	叶小燕	
	15	城市史话	付崇兰	
	16	七大古都史话	李遇春	陈良伟
	17	民居建筑史话	白云翔	
	18	宫殿建筑史话	杨鸿勋	
	19	故宫史话	姜舜源	
	20	园林史话	杨鸿勋	
	21	圆明园史话	吴伯娅	
	22	石窟寺史话	常 青	
	23	古塔史话	刘祚臣	
	24	寺观史话	陈可畏	
	25	陵寝史话	刘庆柱	李毓芳
	26	敦煌史话	杨宝玉	
	27	孔庙史话	曲英杰	
	28	甲骨文史话	张利军	
	29	金文史话	杜 勇	周宝宏

系列名	序号	书名	作者	
物化历史系列（28种）	30	石器史话	李宗山	
	31	石刻史话	赵　超	
	32	古玉史话	卢兆荫	
	33	青铜器史话	曹淑芹	殷玮璋
	34	简牍史话	王子今	赵宠亮
	35	陶瓷史话	谢端琚	马文宽
	36	玻璃器史话	安家瑶	
	37	家具史话	李宗山	
	38	文房四宝史话	李雪梅	安久亮
制度、名物与史事沿革系列（20种）	39	中国早期国家史话	王　和	
	40	中华民族史话	陈琳国	陈　群
	41	官制史话	谢保成	
	42	宰相史话	刘晖春	
	43	监察史话	王　正	
	44	科举史话	李尚英	
	45	状元史话	宋元强	
	46	学校史话	樊克政	
	47	书院史话	樊克政	
	48	赋役制度史话	徐东升	
	49	军制史话	刘昭祥	王晓卫
	50	兵器史话	杨　毅	杨　泓
	51	名战史话	黄朴民	
	52	屯田史话	张印栋	
	53	商业史话	吴　慧	
	54	货币史话	刘精诚	李祖德
	55	宫廷政治史话	任士英	
	56	变法史话	王子今	
	57	和亲史话	宋　超	
	58	海疆开发史话	安　京	

系列名	序号	书名	作者
交通与交流系列（13种）	59	丝绸之路史话	孟凡人
	60	海上丝路史话	杜 瑜
	61	漕运史话	江太新 苏金玉
	62	驿道史话	王子今
	63	旅行史话	黄石林
	64	航海史话	王 杰 李宝民 王 莉
	65	交通工具史话	郑若葵
	66	中西交流史话	张国刚
	67	满汉文化交流史话	定宜庄
	68	汉藏文化交流史话	刘 忠
	69	蒙藏文化交流史话	丁守璞 杨恩洪
	70	中日文化交流史话	冯佐哲
	71	中国阿拉伯文化交流史话	宋 岘
思想学术系列（21种）	72	文明起源史话	杜金鹏 焦天龙
	73	汉字史话	郭小武
	74	天文学史话	冯 时
	75	地理学史话	杜 瑜
	76	儒家史话	孙开泰
	77	法家史话	孙开泰
	78	兵家史话	王晓卫
	79	玄学史话	张齐明
	80	道教史话	王 卡
	81	佛教史话	魏道儒
	82	中国基督教史话	王美秀
	83	民间信仰史话	侯 杰
	84	训诂学史话	周信炎
	85	帛书史话	陈松长
	86	四书五经史话	黄鸿春

系列名	序号	书名	作者
思想学术系列（21种）	87	史学史话	谢保成
	88	哲学史话	谷 方
	89	方志史话	卫家雄
	90	考古学史话	朱乃诚
	91	物理学史话	王 冰
	92	地图史话	朱玲玲
文学艺术系列（8种）	93	书法史话	朱守道
	94	绘画史话	李福顺
	95	诗歌史话	陶文鹏
	96	散文史话	郑永晓
	97	音韵史话	张惠英
	98	戏曲史话	王卫民
	99	小说史话	周中明　吴家荣
	100	杂技史话	崔乐泉
社会风俗系列（13种）	101	宗族史话	冯尔康　阎爱民
	102	家庭史话	张国刚
	103	婚姻史话	张 涛　项永琴
	104	礼俗史话	王贵民
	105	节俗史话	韩养民　郭兴文
	106	饮食史话	王仁湘
	107	饮茶史话	王仁湘　杨焕新
	108	饮酒史话	袁立泽
	109	服饰史话	赵连赏
	110	体育史话	崔乐泉
	111	养生史话	罗时铭
	112	收藏史话	李雪梅
	113	丧葬史话	张捷夫

系列名	序号	书名	作者
近代政治史系列（28种）	114	鸦片战争史话	朱谐汉
	115	太平天国史话	张远鹏
	116	洋务运动史话	丁贤俊
	117	甲午战争史话	寇伟
	118	戊戌维新运动史话	刘悦斌
	119	义和团史话	卞修跃
	120	辛亥革命史话	张海鹏 邓红洲
	121	五四运动史话	常丕军
	122	北洋政府史话	潘荣 魏又行
	123	国民政府史话	郑则民
	124	十年内战史话	贾维
	125	中华苏维埃史话	温锐 刘强
	126	西安事变史话	李义彬
	127	抗日战争史话	荣维木
	128	陕甘宁边区政府史话	刘东社 刘全娥
	129	解放战争史话	朱宗震 汪朝光
	130	革命根据地史话	马洪武 王明生
	131	中国人民解放军史话	荣维木
	132	宪政史话	徐辉琪 付建成
	133	工人运动史话	唐玉良 高爱娣
	134	农民运动史话	方之光 龚云
	135	青年运动史话	郭贵儒
	136	妇女运动史话	刘红 刘光永
	137	土地改革史话	董志凯 陈廷煊
	138	买办史话	潘君祥 顾柏荣
	139	四大家族史话	江绍贞
	140	汪伪政权史话	闻少华
	141	伪满洲国史话	齐福霖

系列名	序号	书名	作者
近代经济生活系列（17种）	142	人口史话	姜涛
	143	禁烟史话	王宏斌
	144	海关史话	陈霞飞 蔡渭洲
	145	铁路史话	龚云
	146	矿业史话	纪辛
	147	航运史话	张后铨
	148	邮政史话	修晓波
	149	金融史话	陈争平
	150	通货膨胀史话	郑起东
	151	外债史话	陈争平
	152	商会史话	虞和平
	153	农业改进史话	章楷
	154	民族工业发展史话	徐建生
	155	灾荒史话	刘仰东 夏明方
	156	流民史话	池子华
	157	秘密社会史话	刘才赋
	158	旗人史话	刘小萌
近代中外关系系列（13种）	159	西洋器物传入中国史话	隋元芬
	160	中外不平等条约史话	李育民
	161	开埠史话	杜语
	162	教案史话	夏春涛
	163	中英关系史话	孙庆
	164	中法关系史话	葛夫平
	165	中德关系史话	杜继东
	166	中日关系史话	王建朗
	167	中美关系史话	陶文钊
	168	中俄关系史话	薛衔天
	169	中苏关系史话	黄纪莲
	170	华侨史话	陈民 任贵祥
	171	华工史话	董丛林

系列名	序号	书名	作者
近代精神文化系列（18种）	172	政治思想史话	朱志敏
	173	伦理道德史话	马 勇
	174	启蒙思潮史话	彭平一
	175	三民主义史话	贺 渊
	176	社会主义思潮史话	张 武　张艳国　喻承久
	177	无政府主义思潮史话	汤庭芬
	178	教育史话	朱从兵
	179	大学史话	金以林
	180	留学史话	刘志强　张学继
	181	法制史话	李 力
	182	报刊史话	李仲明
	183	出版史话	刘俐娜
	184	科学技术史话	姜 超
	185	翻译史话	王晓丹
	186	美术史话	龚产兴
	187	音乐史话	梁茂春
	188	电影史话	孙立峰
	189	话剧史话	梁淑安
近代区域文化系列（11种）	190	北京史话	果鸿孝
	191	上海史话	马学强　宋钻友
	192	天津史话	罗澍伟
	193	广州史话	张 磊　张 苹
	194	武汉史话	皮明庥　郑自来
	195	重庆史话	隗瀛涛　沈松平
	196	新疆史话	王建民
	197	西藏史话	徐志民
	198	香港史话	刘蜀永
	199	澳门史话	邓开颂　陆晓敏　杨仁飞
	200	台湾史话	程朝云

《中国史话》主要编辑
出版发行人

总 策 划 谢寿光　王　正
执行策划 杨　群　徐思彦　宋月华
　　　　　　梁艳玲　刘晖春　张国春
统　　筹 黄　丹　宋淑洁
设计总监 孙元明
市场推广 蔡继辉　刘德顺　李丽丽
责任印制 郭　妍　岳　阳